一九三五年遊吴江時攝

童寯

江南園林志

（第二版）典藏版

童寯　著

中国建筑工业出版社

中國園林在世界園林中有其獨特的風格，有高度的藝術造詣，而江南園林更會萃了我國園林的菁華。本書作者在抗日戰爭以前，曾遍訪江南園林，以其多年實地考查和研究心得，於一九三七年寫成本書。初版於一九六三年由中國工業出版社出版〔註〕。第二版於一九八二年由中國建築工業出版社出版。

本書内容包括文字和圖片兩部分。文字部分分造園、假山、沿革、現況、雜識五章，從泛論我國傳統的造園技術和藝術的一般原則入手，有重點地介紹了江南地方蘇、揚、滬、寧、杭、嘉一帶著名園林的結構特點、歷史沿革、興衰演變過程及當時（一九三七年）的概況；間有品評和議論，寄託了作者當時的思想感情和藝術觀點。文中引用我國有關園林方面的志乘、野史、筆記、叢談等文史資料亦頗豐富。圖片部分包括版畫、國畫、照片、平面圖等共三百四十餘幀。

本書第二版由著者逐句作了校核，增補了許多新的資料和圖片，並收入著者登載於建築師叢刊第三期的隨園考一篇及劉敍傑同志爲本書所寫的跋。

本書典藏版對第二版書中收錄的三百餘幅珍貴圖片作了精心處理和製版；在内容上，除更正了少量錯誤，未作增刪和大的修改。

〔註〕卽中國建築工業出版社的前身。

目録

序

對日抗戰前，童寯先生以工作餘暇，遍訪江南園林，目睹舊跡凋零，與乎富商巨賈恣意興作，慮傳統藝術行有澌滅之虞，發憤而爲此書。一九三七年夏，由余介紹交中國營造學社刊行。乃排印方始而蘆溝橋戰事突發，學社倉卒南遷，此書原稿與社中其他資料，寄存於天津麥加利銀行倉庫内。翌年夏，天津大水，寄存諸物悉没洪流中。社長朱啓鈐先生以老病之軀，躬自收拾叢殘，並於一九四〇年攜原稿歸還著者，而文字圖片已模糊難辨矣。一九五三年中國建築研究室成立，苦文獻殘缺，各地修整舊園，亦感戰事摧殘，缺乏證物，因促著者於水漬蟲殘之餘，重新迻録付印。其經過可謂歷盡波瀾曲折；而余身預其事，前後二十餘載，自有不能已於言者。余惟我國園林，大都出乎文人、畫家與匠工之合作，其布局以不對稱爲根本原則，故廳堂亭榭能與山池樹石融爲一體，成爲世界上自然風景式園林之巨擘。其佳者善於因地制宜，師法自然，並吸取傳統繪畫與園林手法之優點，自出機杼，創造各種新意境，使遊者如觀黄公望富春山圖卷，佳山妙水，層出不窮，爲之悠然神往。而拙劣者故爲盤曲迂迴，或力求入畫，人爲之美，反損其自然之趣。其尤劣者以華麗堆砌相競尚，甚至池求其方，岸求其直，亭榭務求其左右對峙，山石花木如雁行，如鵠立，羅列道旁，幾何不令人興瑕勝於瑜之嘆。苟無人起而糾謬正誤，將何以繼往開來，闡揚二千年來我國園林藝術之優良傳統。著者以建築師而嫻六法，好吟詠，遊屐所至，瀏覽名園舊跡，自造園境界進而推論詩文書畫與當時園林之關係，而以自然雅潔爲極致；其於品評優劣，亦以此爲歸依。又以園林設計，因地因時，貴無拘泥，一落筌蹄，便難自拔，故於書中圖相，往往不予剖析，俾讀者會心於牝牡驪黄以外。余以見所入深而所取約，夐乎自成一家之言，而又惓惓然唯恐有損自由研討，此正有裨於今日學術上求同存異之爭鳴。乃著者謙光自抑，謂僅蒐集文獻供遊觀之助，其然豈其然乎。至若解放以來，各地園林起墜興廢，不遺餘力；而新建之園，數量規模均迥出昔日私家園林之上，且能推陳出新，使我國園林藝術有如百花怒放。以今觀昔，隔世之感，不期油然而生，豈僅著者一人引爲欣慰而已耶。

劉敦楨識於南京工學院
一九六二年四月

著者原序

吾國凡有富宦大賈文人之地，殆皆私家園林之所會萃，而其多半精華，實聚於江南一隅。本篇所舉各例，皆處江浙交通便利之地，著者旅行所經，遇有佳構，輒製圖攝影。惟所繪平面圖，並非準確測量，不過約略尺寸。蓋園林排當，不拘泥於法式，而富有生機與彈性，非必衡以繩墨也。

造園之藝，已隨其他國粹漸歸淘汰。自水泥推廣，而鋪地疊山，石多假造。自玻璃普遍，而菱花柳葉，不入裝折。自公園風行，而宅隙空庭，但植草地。加以市政更張，地產增價，交通日繁，世變益亟。蓋清咸、同以後，東南園林久未恢復之元氣，至是而有根本滅絕之虞。如南京劉園，地接雨花臺，近因修築鐵路，已夷爲平地，並前之斷垣枯樹涸池而不可尋。其他委於荒煙蔓草中者，亦觸目皆是。天然人爲之摧殘，實無時不促園林之壽命矣。

自李文叔以來，記園林者，除趙之璧平山堂圖志、李斗揚州畫舫録等書外，多重文字而忽圖畫。近人間有攝影介紹，而獨少研究園林之平面布置者。昔人繪圖，經營位置，全重主觀。謂之爲園林，無寧稱爲山水畫。抑園林妙處，亦決非一幅平面圖所能詳盡。蓋樓臺高下，花木掩映，均有賴於透視。若掇山則雖峯巒可畫，而路徑盤環，洞壑曲折，遊者迷途，摹描無術，自非身臨其境，不足以窮其妙矣。

門窗牆垣鋪地，園冶圖式甚多。數百年來，遺規漸改。今昔相證，繁質懸殊。間有一二相同者，餘多計成所棄也。

吾國舊式園林，有減無增。著者每入名園，低迴歔欷，忘飢永日，不勝衆芳蕪穢、美人遲暮之感！吾人當其衰末之期，惟有愛護一草一椽，庶勿使爲時代狂瀾，一朝盡捲以去也。

著者識於上海寄廬

一九三七年春

文獻舉略

	三輔黃圖
班固	漢書
孫盛	魏春秋
	南齊書
	東昏本紀
劉義慶	世說新語
孔平仲	續世說
楊衒之	洛陽伽藍記
張舜民	畫墁録
李格非	洛陽名園記
沈括	夢溪筆談
葉夢得	石林燕語 避暑録話
袁褧	楓窗小牘
魏泰	東軒筆録
吴坰	五總志
惠洪	冷齋夜話
周煇	清波雜志
吴自牧	夢粱録
周密	癸辛雜識 齊東野語 湖山勝概 吴興園林記
龐元英	文昌雜録
王世貞（元美）	遊金陵諸園記
	婁東園林志
林有麟	素園石譜
周漫士	金陵瑣事
文震亨	長物志
計成	園冶

李漁　閒情偶寄

（即笠翁偶集，一家言）

谷應泰　博物要覽

趙之璧　平山堂圖志

李斗　揚州畫舫録

沈復　浮生六記

錢泳　履園叢話

陳詒紱　金陵園墅志

造園

自來造園之役，雖全局或由主人規劃，而實際操作者，則爲山匠梓人，不着一字，其技未傳。明末計成著園冶一書，現身説法，獨闢一蹊，爲吾國造園學中唯一文獻，斯藝乃賴以發揚。造園一事，見於他書者，如癸辛雜識、笠翁偶集、浮生六記、履園叢話等，類皆斷錦孤雲，不成系統。且除李笠翁爲真通其技之人，率皆嗜好使然，發爲議論，非本自身之經驗。能詩能畫能文，而又能園者，固不自計成始。樂天之草堂，右丞之輞川，雲林之清閟，目營心匠，皆不待假手他人者也。與計成同時之造園學家，則有明遺臣朱舜水。舜水當易代之際，逃日乞師，其志未遂。今東京後樂園，猶存朱氏之遺規。明之朱三松、清初張南垣父子、釋道濟、王石谷、戈裕良等人，類皆丘壑在胸，借成衆手，惜未筆於書耳。

園之布局，雖變幻無盡，而其最簡單需要，實全含於「園」字之內。今將「園」字圖解之：「囗」者圍牆也。「土」者形似屋宇平面，可代表亭榭。「口」字居中爲池。「𧘇」在前似石似樹。日本「寢殿造」庭園，屋宇之前爲池，池前爲山，其旨與此正似。園之大者，積多數庭院而成，其一庭一院，又各爲一「園」字也。

園之妙處，在虛實互映，大小對比，高下相稱。浮生六記所謂：「大中見小，小中見大；虛中有實，實中有虛；或藏或露，或淺或深，不僅在周迴曲折四字也。」錢梅溪論造園云：「造園如作詩文，必使曲折有法，前後呼應，最忌堆砌，最忌錯雜，方稱佳構。」（見履園叢話）

蓋爲園有三境界，評定其難易高下，亦以此次第焉。第一，疏密得宜；其次，曲折盡致；第三，眼前有景。試以蘇州拙政園爲喻。園周及入門處，迴廊曲橋，緊而不擠。遠香堂北，山池開朗，展高下之姿，兼屏障之勢。疏中有密，密中有疏，弛張啓闔，兩得其宜，即第一境界也。然布置疏密，忌排偶而貴活變，此紆迴曲折之必不可少也。放翁詩：「山重水複疑無路，柳暗花明又一邨。」側看成峯，橫看成嶺，山迴路轉，竹徑通幽，前後掩映，隱現無窮，借景對景，應接不暇，乃不覺而步入第三境界矣。斯園亭榭安排，於疏密、曲折、對景三者，由一境界入另一境界，可望可卽，斜正參差，升堂入室，逐漸提高，左顧右盼，含蓄不盡。其經營位置，引人入勝，可謂無毫髮遺憾者矣。

日本造園家小堀遠州嘗謂庭園以深遠不盡爲極品，切忌一覽無餘。此在中國園林，尤爲一定不易之律。園冶論「相地」，凡山林江湖、邨莊郊野、城市傍宅，莫不可以爲園。園建於平地者多。間有因山爲園者，其起伏轉折，更爲有趣。如范成大居越城因山爲亭榭。李笠翁緣雲居山構屋，稱爲層園。袁枚隨園，及現存之惠山雲起樓，亦依山爲高下者也。或有平地限於廣狹，用重臺疊館之法。進退盤折，多至數層。沈復所述皖城王氏園，卽其例也。

浮生六記：

「其地長於東西，短於南北。蓋北緊背城，南則臨湖故也。既限於地，頗難位置，而觀其結構，作重臺疊館之法。重臺者，屋上作月臺爲庭院，疊石栽花於上，使遊人不知脚下有屋。蓋上疊石者則下實，上庭院者卽下虛，故花木仍得地氣而生也。疊館者，樓上作軒，軒上再作平臺，上下盤折，重疊四層，且有小池，水不漏洩，竟莫測其何虛何實……，面對南湖，目無所阻。」

此種做法，以人力勝天然。既省地位，又助眺望，可謂奪天工矣。又有所謂借景者，大抵郊野之園能之。山光雲樹，帆影浮圖，皆可入畫。或納入窗牖，或望自亭臺。木瀆羨園之危亭敞牖，玩靈巖於咫尺。無錫寄暢園有錫山龍光寺塔，高懸檐際（圖86），皆借景之佳例。或有由一園高處，而能將鄰園一望無遺。昔蘇州徐園，盡覽南園之勝。斯非借景，真可謂劫景矣。

造園掘土，低者成池，高者爲山，自然之勢。故園林無水者，蓋不多見。有水而魚蓮生其中，舟梁渡其上，舫榭依其涯。惟汪洋巨浸，反足爲累。李格非論園圃之勝：「不能相兼者六，務宏大者少幽邃，人力勝者少蒼古，多水泉者艱眺望。」如南潯數園，大而多水，有一覽無餘之憾。常熟虛霩居，幽邃不足，蓋亦地曠而池寬也。

造園要素：一爲花木池魚；二爲屋宇；三爲疊石。花木池魚，自然者也。屋宇，人爲者也。一屬活動，一有規律。調劑於二者之間，則爲疊石。石雖固定而具自然之形，雖天生而賴堆鑿之巧，蓋半天然、半人工之物也。吾國園林，無論大小，幾莫不有石。李格非記洛陽名園，獨未言石，似足爲洛陽在北宋無疊山之證。王世貞亦謂「洛中有水、有竹、有花、有檜柏而無石，文叔記中不稱有疊石爲峯嶺者可推也。」（見遊金陵諸園記序）然據洛陽伽藍記所載，洛在北魏，已早具疊山規模矣。

疊山爲吾國獨有之藝術，於「假山」章中詳述之。記稱紀元前一世紀，羅馬名人西西洛酷愛其園中之石，諒不過天然巖石，偃卧原地。今意大利之名園，猶間有巖石，花草生於石隙，但無堆鑿作峯形者。英國巖石園，亦與此無異。惟其以磚砌洞，外敷鬆石，象徵巖穴者，有時幾可亂真。日本庭園之石，多零塊散處，稱爲「捨石」。或連組成陣，具含隱義。巨石成堆者，則象徵枯山水。但他國園石，類不違就地取材之旨，與吾國湖石山迥異也。

園林之勝，言者樂道亭台，以草木名者蓋鮮。三卷園冶無花木專篇，殆亦「桃李不言，似通津信」者歟？自來文人爲記，每詳於山池樓閣，而略於花叢樹蔭，獨洛陽名園記描寫花木，不厭其繁。如洛陽歸仁園北有牡丹芍藥千株，中栽竹林，内有桃李。揚州芍園花田，廣至數畝。然歸仁園仍搠一亭，芍園亦有長廊舫屋，所以爲園者，非止栽花已也。洛陽名園記所載，木有栝、鬆、桐、梓、檜、柏之屬，兼有竹、葛及藤，花則至千種。記又述李氏仁豐園云：

「李衛公有平泉花木記，百餘種耳。今洛陽良工巧匠，批紅判白，接以它木，與造化争妙，故歲歲益奇。且廣桃、李、梅、杏、蓮、菊各數十種。牡丹、芍藥至百餘種。而又遠方奇卉，如紫蘭、茉莉、瓊花、山茶之儔，號爲難植，獨植之洛陽，輒與土産無異。故洛中園圃花木，有至千種者。」

按三輔黄圖載武帝初修上林苑，羣臣遠方各獻名果異卉三千餘種植其中。是花木之種，漢已早備。平山堂圖志所載揚州各園，花有桂、梅、玉蘭、繡球，樹有椶櫚、榆、椐、柳等。而篠園芍田，廣可百畝。圖志又云：

「揚州芍藥甲天下。栽在舊譜者，多至三十九種。年來不常厥品，雙歧並萼，攢三聚四，皆舊譜所未有，故稱花瑞焉。」

揚州畫舫録：

「湖上園亭，皆有花園，爲蒔花之地。桃花菴花園在大門大殿階下。養花人謂之花匠。蒔養盆景，蓄短鬆、矮楊、杉、柏、梅、柳之屬。海桐、黃楊、虎刺以小爲最，花則月季、叢菊爲最。冬於暖室烘出芍藥、牡丹，以備正月園亭之用。」

園林無花木則無生氣。蓋四時之景不同，欣賞遊觀，怡情育物，多有賴於東籬庭砌，三徑盆盎，俾自春迄冬，常有不謝之花也。西清詩話云：「歐公守滁陽，築醒心、醉翁兩亭於琅琊幽谷，且命幕客謝某者，雜植花卉其間。謝以狀問名品，公即書紙尾云：淺深紅白宜相間，先後仍須次第栽，我欲四時攜酒去，莫教一日不花開。」每日有花，真近於理想者，惟事實上只公園與公署有專人供澆培鋤劚之役，私人園林，尤其主人偶然一至者，當使維持工作減至最少限度。否則如文震亨長物志所云：「弄花一歲，看花十日」，匆乃苦樂不均耶？徐日久柬吴伯霖云：

「園中初起手時，便約法三章：若花木之無長進，若欲人奉承，若高自鼎貴者，俱不蓄。故庭中惟桃李紅白，間錯垂柳風流，其下則有蘭蕙夾竹，紅蓼紫葵。堤外夾道長楊，更翼以蘆葦，外周茱黍。前有三道菊畦，雜置蓽麻玉膏粱，長如青黛。」

此法多任自然，不賴人工，固不必倚異卉名花，與人争勝，祇須「三春花柳天裁翦」耳。

吾國自古花木之書，或主通經，或詳療治。爾雅及本草綱目，其著者也。他若旨在農桑，詞關風月，則去造園漸遠。唐賈耽百花譜，以海棠爲花中神仙。宋范成大有菊譜、梅譜；歐陽修有洛陽牡丹記；趙時庚有金漳蘭譜；王貴學有王氏蘭譜；王觀有芍藥譜；陳思有海棠譜。明王象晉鐫羣芳譜，清初增爲廣羣芳譜。惜王譜於栽培之道，語焉不詳。明末王路又纂修花史。乾隆間，陳淏子輯花鏡一書。園林主人之喜觀而不善植者，此一助也。嘉慶間，查彬輯采芳隨筆，詳考花木果蔬。道光間，吴其濬著植物名實圖考，亦涉及觀賞。清末許衍灼編花卉圖說，首言栽種，次按花開季節列約百五十種，最後兼及花之功用，實玩賞而關心經濟者也。惟各書或缺圖解，互異其說，讀者不易名實對證。加以海通以後，舶來異種，時有增加，是有賴於今之治植物學者，加以科學整理矣。

園林興造，高臺大樹，轉瞬可成，喬木參天，輒需時日。苟非舊園改葺，則屋宇蒼古，綠蔭掩映，均不可立期。計成所謂「新築易乎開基，祇可栽楊移竹；舊園妙於翻造，自然古木繁花」，此也。陳眉公論園，亦曰：「老樹難。」

園林雖廳榭相望，然多資遊賞，而不供起居。園內亦有劃一角爲居停者，其體式自稍有別。若江寧隨園，則子才終年所寓，至有暖閣之製。今則住宅有採西式者，殊爲不倫。通例宅園遠隔，主人偶爾涉足，甚則一生不至。洛陽名園記稱趙韓王園以扃鑰爲常者是也。香山詩：「今日園林主，多爲將相官，終身不曾到，祇當畫圖看。」看圖似看畫，是遊於園之外矣。蓋惟超然園外，始益見畫圖之美。然園中建築物，每因此偏重局勢外觀，忽略其內部組織。高閣無梯，或有梯而不利登降，皆爲常事。古時，其梯竟可撤焉。如陳壽三國志諸葛亮傳所云：「琦乃將亮遊觀後園，共上高樓，飲宴之間，令人去梯。」他如曲橋無檻，徑必羊腸，廊必九迴。不求便捷，忽視安全，皆入畫一念有以致之也。

吾國園林，名義上雖有祠園、墓園、寺園、私園之別，又或屬於會館，或傍於衙署，或附於書院，惟其佈局構造，並不因之而異。僅有大小之差，初無體式之殊。間有設高堂正廳者，亦不足爲規則式之特徵。對稱布置，則除宮室廟宇而外，徵之園林，絕無僅有。明末袁小修記燕京李園（卽清華園）「奇花美石，分行作隊」，譏其少自然之趣，有似拉丁作風，殊非吾國園林體制。至若日本之有茶庭、平庭、築山各式，式又常區別爲真、行、草三體；中國一園之內，則兼各式各體而有之也。

園林屋宇，方之宮殿廟堂，實爲富有自由性之結構。數千年來，吾國官民營造，歷朝更張，布置豐殺，代有不同，木作石工，由簡變繁。惟園林亭榭，可以隨意安排，結構亦不拘定式，雖廳堂亦不常用栱。卽帝王之離宮別館，亦有如樂天之不施丹白，純效文人之園。宋徽宗經營艮嶽，僞託隱逸，崇尚山林竹石，美之曰取人棄物。宮室變爲邨居，禽獸號於秋夜，識者以爲不詳。續資治通鑑：「帝……因令苑囿皆倣江浙爲白屋，不施五采。」自宋而後，江南園林之樸雅作風，已隨花石而北矣。蓋除受氣候、材料、取景及地形限制外，無任何拘束。布置既無定格，建築物又盡伸縮變幻之能事。如亭自一柱起（圖10），有三角（圖56）、方形、梅花（圖42）、五角、六角、八角、十字、圓形、扇形（圖89、14）、套圓、套方（圖11）各種。園冶所列屋宇，亭以外有門樓、堂、齋、室、房、館、樓、臺、閣、榭、軒、卷、廣、廊等，獨未及「舫」。「舫」者，形與舟類，築於水濱，往往一部高起，有若樓船，爲園林中最富興趣之建築物，或稱爲舸，亦曰不繫舟（圖7、95、97）。

廳堂平頂，古稱天花。計成謂之「仰塵」，李笠翁謂之「頂格」。其不露望磚木椽者，覆以板紙。李氏嫌其呆笨，乃以頂格作斗笠之形，四面皆下，獨高其中（見一家言）。今此例之最佳者，當推南潯小蓮莊中之靜香詩堀（圖218）。

門窗爲屋宇之點睛，推陳出新，繁簡不一。園冶裝折各式，均由柳條遞演至井字雜花，變化至今，難違斯例。李笠翁謂窗櫺以明透爲先，堅而後論工拙。窗櫺密度，按明瓦大小排定，寬約三寸一格，長度則視櫺條堅固程度伸縮。門之最簡者，爲長方入角，規則者由圓形至多邊，不規則者有瓶、葉、花瓣及如意等形。雕鏤、鉤畫，不如簡潔爲尚也。

廊爲聯絡各建築物之用，使成一氣。廊、橋、欄、徑，皆如文章中用虛字，有連貫作用。迴廊古多直角，計成喜用「之」字。廊之升降者，階級分段，廊檻及瓦頂高下作數步，或成斜坡。

牆則吾國園林不可或少。間有因山而構，難於設垣，如清初江寧隨園是也。園之四周，既築高牆，園内各部，亦多以牆劃分。江南園林，多白粉牆。一家言、紅樓夢、揚州畫舫録所云之虎皮牆，江浙殆不多見。白粉牆多漏明，即李笠翁所稱之「女牆」也。或作磚洞，或以瓦砌，式様變幻，殆無窮盡，各園不同，一園中亦少重複。最普通者爲迴文萬字，自明已然，計成所不取也。李氏謂嵌花露孔，須擇其至穩極固者爲之，「不則一磚偶動，全壁皆傾」，危險孰甚！或有四周用規則花紋，而中心加嵌自然形，如花枝、瓶、籃之類。或純用曲綫，以蘇州滄浪亭各牆洞爲最佳（圖186）。其牆洞外廊，亦以自然形表之。此種做法，任意馳放，不受制於規律，深合園林體制。牆中亦有嵌磚刻人物而不漏明，雖刻工精細，終欠雅緻。又有鑲琉璃竹節或花磚者，亦難免俗。牆頂則變化亦多，長牆每做起伏頂，以瓦爲鱗，有似飛龍。惟真做鱗脊而加首尾，則計成所謂「雕鏤花鳥仙獸不可用」者也。粉牆有時忽斷，而疊石成壁續之，令人驚歎其意匠之奇（圖 177）。粉牆潔白，不特與綠蔭及漆飾相輝映，且竹石投影其上，立成佳幅。光綫作用，不止此也。漏明牆洞例深三寸至六寸，其正面之花紋，實賴側面之深度而益醒目。且往往同一漏窗，徒以日光轉移，其形狀竟判若兩物，尤增意外趣矣（圖 203、204）。

園林大抵以仄磚及碎石鋪地。以磚爲骨，以石填心，不加灰漿。碎石間作深淺色。蘇州西園大門前十字花紋地（圖 231），顔色式様，獨具匠心。留園、獅子林鋪地，參用鶴、鹿、蓮、魚諸形，亦有精者。磚砌一般作人字紋（圖 265）；碎石最簡便者有冰片式，稍複雜者有八方式，套六方式，海棠式（圖 232、239、233、243）。園林邀人鑑賞處，專在用平淡無奇之物，造成佳境；竹頭木屑，在人善用而已。鋪地磚石，加以分析，不過瓦礫。然形狀顔色，變幻無窮，信手拈來，都成妙諦。有以碎瓷擺成魚鱗蓮瓣，則尤廢物利用之佳例。李笠翁所謂「牛溲馬勃入藥籠，用之得宜，其價值反在參苓之上」也。

假山

漢武帝於太液池中，建蓬萊、方丈、瀛洲三山，蓋土築也。漢書謂「採土築山，十里九坂。」洛陽伽藍記稱梁冀於洛陽城外造土山魚池。自孔氏一簣之喻，以迄漢末，積土爲山，由來甚久。疊石爲假山，志乘可考者，亦始自漢。三輔黄圖：

「梁孝王好營宫室苑囿之樂。作曜華宫，築兔園。園中有百靈山，有膚寸石、落猿巖、棲龍岫。」

「茂陵富民袁廣漢，藏鏹巨萬，家僮八九百人。於北山下築園，東西四里，南北五里，激流水注其中，構石爲山，高十餘丈，連延數里。」

六朝疊石之藝，漸趨精巧。北魏張倫，造景陽山。洛陽伽藍記：「倫造景陽山，有若自然。其中重巖複嶺，嶔崟相屬，深谿洞壑，邐迤連接。……崎嶇石路，似壅而通，峥嶸澗道，盤紆復直。」

綜上所述，景陽宛然今日吴中獅子林也。顧愷之所畫女史箴中山水，已具高下曲折之勢。時距愷之後百五十年，兩晉風流，由宗炳之方寸崑閬，化爲展子虔之咫尺千里。士夫胸中丘壑，篤好林藪，泉石膏肓，至唐更甚。李德裕營平泉莊，自爲記云：「於龍門之西，得喬處士故居。……又得江南珍木奇石，列於庭際。」牛僧儒置墅營第，與石爲伍。白居易爲作太湖石記志其事。記云：

「古之達人，皆有所嗜。玄晏先生嗜書，嵇中散嗜琴，靖節嗜酒，今丞相奇章公嗜石。石無文、無聲、無臭、無味，與三物不同，而公嗜之何也。衆皆怪之，余獨知之。昔故友李生名約有言云，苟適吾意，其用則多。誠哉是言，適意而已，公之所嗜可知之矣。公以司徒保釐河雒，治家無珍産，奉身無長物。惟東城置一第，南郭營一墅。精葺宫宇，慎擇賓客。性不苟合，居常寡徒，遊息之時，與石爲伍。石有聚族，太湖爲甲，羅浮、天竺之石次焉。今公之所嗜者甲也。先是公之僚吏，多鎮守江湖，知公之心，惟石是好，乃鉤深致遠，獻瑰納奇，四五年間，纍纍而至。公於此物獨不廉讓，東第南墅，列而置之。富哉石乎，厥狀非一。有盤拗秀出如靈邱鮮雲者，有端儼挺立如真官吏人者，有縝潤削成如珪瓚者，有廉棱鋭劌如劍戟者。又有如虬如鳳，若跧若動，將翔將踴；如鬼如獸，若行若驟，將攫將鬪。風烈雨晦之夕，洞穴開皚，若欲雲歕雷，嶷嶷然有可望而畏之者；烟消影麗之旦，巖崿霮䨴，若拂嵐撲黛，藹藹然有可狎而翫之者。昏曉之交，名狀不可。撮要而言，則三山五岳，百洞千壑，覼縷簇縮，盡在中。百仞一拳，千里一瞬，坐而得之，此所以爲公適意之用也。會昌三年五月丁丑記。」

疊石與亭池臺榭，同爲園林之一部，本冥頑不靈之物。奇章之嗜石，不以其可遊，而以其可伍，是以生命與石矣。降及北宋，米元章至呼石爲兄，驚而下拜，是石又並人格而有之矣。梁谿漫志：

「米元章守濡須，聞有怪石在河壖，莫知其所自來。人以爲異。公命移至州治，爲燕遊之玩。石至而驚，遽命設席，拜於庭下曰，吾欲見石兄二十年矣。言者以爲罪，坐是罷去。」

帝王愛石成癖者，莫過於宋徽宗。癸辛雜識：

「前世疊石爲山，未見顯著者，至宣和艮嶽，始興大役。連艫輦致，不遺餘力，其大峯特秀者，不特侯封，或賜金帶，且各圖爲譜。」

「艮嶽之取石也，其大而穿透者，致遠必有損折之虞。近聞汴京父老云，其法乃先以膠泥實填衆竅，其外復以麻筋雜泥固濟之，令圓滑。日曬極堅實，始用大木爲車，致於舟中。直俟抵京，然後浸之水中，旋去泥土，則省人力而無他虞。此法甚奇，前所未聞也。」

艮嶽在今開封鐵塔附近。湖石之當時未及啓運赴汴者，則遺於江南各地。靖康元年，金人圍汴，詔毀艮嶽爲礮石，現猶有湖石一二散處城中云。

自宋以來，私園以疊石著者，首推吴興葉少藴園。居卞山之陽，萬石環之，名石林。吴興園林記稱其「在霅最古，今不復存。」萬石非人力所能盡致，蓋多因山有而經營之耳。正如五總志所云：「葉少藴既辭政路，結屋霅川山中。凡山中有石隱於土者，皆穿剔表出之。久之，一山皆玲瓏空洞，日挾策其間，自號石林山人。」

吴中衛清叔園，假山最大。吴興俞子清園，假山最奇。癸辛雜識：

「浙右假山最大者，莫如衛清叔吴中之園。一山連亘二十畝，位置四十餘亭，其大可知矣。然餘生平所見秀拔有趣者，皆莫如俞子清侍郎家爲奇絶。蓋子清胸中自有丘壑，又善畫，故能出心匠之巧。峯之大小凡百餘，高者至二三丈。……今皆爲有力者負去。荒田野草，凄然動陵谷之感焉。」

元末僧維則疊石吴中，盤環曲折，登降不違，丘壑蜿轉，迷似迴文，迄今爲大規模假山之僅存者，即獅子林也。重修獅子林勅名畫禪寺記：「在昔元至正間，有大德天如禪師，得法於天目獅子巖幻住和尚，已而駐錫於蘇之東城。疊石爲山，名獅子林，識法源也。」畫禪寺碑記：「郡城東獅子林古刹，元高僧維則所建。則性嗜奇，蓄湖石多作狻猊狀。寺有卧雲室、立雪堂。前列奇峯怪石，突兀嵌空，俯仰萬變。」揚州畫舫録稱獅子林乃維則延朱德潤、趙元善、倪元鎮、徐幼文共商所疊。

清初揚州園林，盛極一時。其以疊山稱者，有余元甲萬石園，出僧石濤手。仇好石作宣石山，董道士作九獅山。汪氏南園，置太湖石九，號稱九峯園。揚州畫舫録：

「揚州以名園勝，名園以疊石勝。余氏萬石園出道濟手。……若近今仇好石疊怡性堂宣石山，淮安董道士壘九獅山。」

「歙縣汪氏得九蓮菴地建別墅曰南園。……得太湖石九於江南。大者逾丈，小者及尋。……以二峯置海桐書屋，二峯置澄空宇，一峯置一片南湖，三峯置玉玲瓏館，一峯置雨花菴屋角。」

九峯園爲高宗南巡時賜名，遺址在江都城西南角外，現止餘硯池積水而已。

有清初葉，李笠翁疊山北京，今弓絃胡同半畝園，即出其手（版畫二十二）。張南垣則以此技聞於東南，其四子於康熙間繼其業。南垣所爲山，以土作岡，點綴數石，全體飛動，蒼然不羣。吴梅邨張南垣傳：

「……南垣過而笑曰，是豈知爲山者耶！今夫羣峯造天，深巖蔽日，此蓋造物神靈之所爲，非人力可得而致也。況其地輒跨數百里，而吾以盈丈之址，五尺之溝，尤而效之，何異市人摶土以欺兒童哉！惟夫平岡小坂，陵阜陂陁，版築之功，可計日以就。然後錯之以石，碁置其間，繚以短垣，翳以密篠，若似乎奇峯絶嶂，纍纍乎牆外而人或見之也。其石脈之所奔注，伏而起，突而怒，爲獅蹲，爲獸攫，口鼻含呀，牙錯距躍，決林莽，犯軒楹而不去，若似乎處大山之麓，截谿斷谷，私此數石者爲吾有也。」

以土代石之法，李笠翁亦善爲之。其所著一家言，謂此法既減人工，又省物力，且便於種樹，與石混然一色，所謂混假山於真山之中也。

戈裕良疊石之藝，遠勝前人。專能鉤帶大小石如造環橋，與真洞壑不少差，不可謂非疊山術之革命。山石堆疊之法，配搭用鐵鉤，接密用米漿和石灰。戈則以礱糠石灰黄土，研末敲固，勝於石板鉛板。

戈常論獅子林石洞皆界以條石，不算名手。計成園冶論掇山，亦云合凑收頂。加條石替之，千古不朽。是條石覆洞，至明末仍爲準繩。獅林各洞，壁雖玲瓏，其頂則平。戈所作洞，頂壁一氣，成爲穹形。然二者目的，均趨寫實。若南垣之牆外奇峯，斷谷數石，則專重寫意。可云獅林僅得其形，戈得其骨，而張得其神矣。

疊山自昔近地取石。如北魏茹皓爲山，採北邙及南山佳石，卽其一例。獨艮嶽花石綱運自浙中，舳艫千里，沿於淮、汴。後人疊峯，遂競尚湖石，至明、清之際而益風靡，計成、張南垣皆力詆之。園冶謂「世之好事，慕聞虚名，鑽求舊石。某名園、某峯石、某名人題詠、某代傳至於今，斯真太湖石也。今廢，欲待價而沽，不惜多金，售爲古玩還可。又有惟聞舊石重價買者。」梅邨張南垣傳有云：「……好事之家，羅取一二異石，標之曰峯，皆從他邑輦至；決城闉，壞道路，人牛喘汗，僅而得至。」物之累人，可想見已。

真太湖石出自西洞庭，並不多見，普通所謂太湖石，非來自太湖中島嶼者也。揚州畫舫録：

「石工張南山嘗謂澄空宇二峯爲真太湖石。太湖石乃太湖中石骨，浪激波滌年久，孔穴自生。因在水中，殊難運致。……若郡城所來太湖石，多取之鎮江竹林寺、蓮花洞、龍噴水諸地所産。其孔穴似太湖石，皆非太湖島嶼石骨。」

博物要覽：

「太湖石産蘇州府洞庭湖，石性堅面潤，而嵌空穿眼，宛轉險怪。有三種：一種色白；一種色青黑；一種微黑黄。其質文理縱横，連聯起隱，於石面遍多坎坳，蓋因風浪衝擊而成，謂之彈子窩，叩之有聲，多峯巒巖壑之致。大者高數丈至丈餘止，可以裝飾假山，爲園林之玩。」

姑蘇採風類記：

「太湖石出西洞庭，多因波濤激嚙而爲嵌空，浸濯而爲光瑩。或縝潤如珪瓚，廉劌如劍戟，矗如峯巒，列如屏障。或滑如肪，或黝如漆。或如人、如獸、如禽鳥。好事者取以充苑囿庭除之玩，此所謂太湖石也。」

真太湖石既難羅致，又不易辨識，故有製以贗鼎，謂之種石，從中取利者，人稱「石農」。長物志：

「石在水中者爲貴；歲久爲波濤衝擊，皆成空石，面面玲瓏。在山上者名旱石，枯而不潤，贗作彈窩，若歷年歲久，斧痕已盡，亦爲雅觀。吴中所尚假山，皆用此石。」

素園石譜：

「平江太湖工人，取大材，或高一二丈者，先雕置急水中舂撞之，久久如天成，或以煙薰，或染之色。

色石今不常見。昔曹魏起景陽山於芳林園，取白石英及紫石英五色大石於太行（見孫盛魏春秋），爲色石疊山之濫觴。齊東昏侯造芳樂苑，山石皆塗以五采（見東昏本紀）。癸辛雜識云：「俞子清園中，羣峯之間，縈以曲澗，甃以五色小石，旁引流泉。」斯又巧於意匠者矣。

計成園冶於掇山一章，言之特詳。其論太湖石，以消夏灣者爲極品。其選石列崑山、宜興、龍潭、青龍山、靈璧、峴山、宣石、湖石、英石十餘種。計成論峭壁，與李笠翁所説頗有出入。計成之峭壁，直立靠牆，以粉壁爲紙，以石爲繪，其旁雜植松、柏、梅、竹，收之圓窗，宛然鏡遊。笠翁峭壁，則若築牆，蔽以亭屋，仰觀如削，與窮崖絶壑無異。計壁重平面，而李壁重立體，實各盡其妙也。

業疊山者，在昔蘇州稱花園子，湖州稱山匠，揚州稱石工；人稱張南垣爲張石匠。疊山之藝，非工山水畫者不精。如計成，如石濤，如張南垣，莫不能繪，固非一般石工所能望其項背者也。

論石專書，宋有杜綰石譜，列一百十六種。此外尚有宋宣和石譜及明林有麟素園石譜（版畫十二）。大抵描寫峯巒，圖説並列，供有牛、李、米、柯之癖者神遊，非闡疊山之旨者，其去園林，蓋已遠矣。

沿革

曲禮：「君子將營宮室，宗廟爲先，廄庫次之，居室爲後。」園林不屬宮室建築之範圍。當時所謂園，如詩云：「園有桃」，易云：「賁於丘園」，亦不過爲果蔬産地，非專作怡情養性之所。直至前漢，董仲舒下幄講授，三年不窺園。士之有園，此殆先河。仲舒之園，疑非居室以外另地經營，不過堂前隙地略植花草，故一下帷而園卽不見。庭中栽木造園之法，實遍於全世界。日本至今猶稱園爲庭，歐洲中古時代，僧寺爲一綫光明之地，經堂四合，中留方庭，滿種花木菜蔬，卽寺園也。歐洲園林乃由此脱胎焉。

吾國歷代私園，每步武帝王之離宮別館。秦、漢上林，由來久矣。楚靈王之章華臺，吴夫差之姑蘇臺，假文王靈臺之名，開後世苑囿之漸。非用以觀象，而用以宴樂。鄭康成云：「囿：今之苑。」然漢苑鳥獸草木之外，兼有觀閣魚池。是苑乃古之靈臺、靈囿、靈沼集合而成也。

帝王苑囿，無代無之。秦、漢規模，既已大備，曹魏又有芳林園，吴孫皓起土山樓觀，窮極伎巧。南朝宋有樂遊苑，齊有新林苑。隋煬帝營江都有平樂園。唐有芙蓉園（曲江）、杏園。宋徽宗營艮嶽。元世祖造園上都，又修萬歲山於大都。明建西苑。清初康、乾兩帝屢次南巡，倣效私園，經營熱河。又於北京興築圓明、長春、萬春三園。圓明至有「萬園之園」之稱，馳譽西歐。流風所被，致使拉丁庭園之規則布置，由均衡對稱，丕變爲英倫之十八世紀自由作風。影響所及，可謂遠矣。孝欽傾一國之精華，建頤和園，艮嶽以來，未嘗有也。

以漢之盛，僅志梁王兔苑，梁冀山池，袁廣漢建園北邙，哀帝爲董賢起山池臺榭。西晉石崇，營別業於河陽。此時江南未聞有私園。直至東晉，吴郡始以顧辟疆園稱於時。吴縣志謂其遺址至宋已不可考。謝安及會稽王道子營墅築第，樓閣山池，竹樹林列。江左遂蔚爲園林之藪。高僧慧遠，結蓮社於廬山，謝靈運爲築臺鑿池，實爲寺園之濫觴。其後又有匡山劉慧斐離垢園、建康沈約郊園、洛陽張倫景陽山及茹皓天淵池。然北朝私家園林，雖具規模，究不若江南池館之幽明雅淨，系人深思。庾信之小園賦，所由作也。

唐李德裕建平泉莊於洛陽之南，周四十里。裴晉公又築緑野堂於定鼎門内，日與白居易、劉禹錫觴詠其間。宋之問有藍田別業，王維有輞川別業。後之文人雅士，遂競以倣效輞川爲高。維所作輞川圖，亦代有臨摹（版畫二、三、四、五）。白居易營白蓮莊於洛陽，又結草堂於廬山，並記云：

「明年春，草堂成。三間兩柱，二室四牖。廣袤豐殺，一稱心力。洞北户，來陰風，防徂暑也。敞南甍，納陽日，虞祁寒也。木斵而已，不加丹。牆圬而已，不加白。……矧余自思，從幼迨老，若白屋，若朱門，凡所止雖一日二日，輒覆簣土爲臺，聚拳石爲山，環斗水爲池。其喜山水病癖如此。」

樂天隨時隨地爲園，取其精神，而不拘於形式。其視園，有如藥石自攜，以醫鄙俗；有如飲食勿廢，以養性靈。非若後世士夫之亭臺金碧，選色徵歌，附庸風雅，玩物喪志也。盛唐、北宋，物力殷阜，海内承平，私家園林，遍於雍、洛，爲炎夏避暑勝地。畫墁録：

「唐京省入伏假三日一開印，公卿近郭，皆有園池。以至樊杜數十里間，泉石占勝，布滿川陸。至今基地尚在。省寺皆有山池。曲江各置船舫，以擬歲時遊賞。」

李格非記洛陽名園，數逾二十，率多宋構。其承唐舊者，有松島，在唐屬袁氏；有大字寺園，在唐屬白樂天；有湖園，在唐屬裴晉公。唐末，園池盡廢。李氏論曰：「方唐貞觀、開元之間，公卿貴戚，開館列第於東都者，號千有餘邸。及其亂離，繼之以五季之酷，其池塘竹樹，兵車蹂踐，廢而爲丘墟；高亭大榭，煙火焚燎，化而爲灰燼；與唐共滅而俱亡者，無餘處矣。予故嘗曰，園圃之廢興，洛陽盛衰之候也。且天下之治亂，候於洛陽之盛衰而知；洛陽之盛衰，候於園圃之廢興而得。」開封園池，按楓窗小牘所載，著稱者十餘，滿布城中，不以名著者，在宋約百十，不能悉述也。

宋時江南園林，萃於吴興。葉氏石林，其尤著也。真州東園、海陵南園，歐陽修皆有記。東園廣百畝，爲稀有巨構。後百餘年，陸游過其地，已半荒廢（見陸游入蜀記）。蘇子美滄浪亭在蘇州城南，爲吴越孫承祐舊圃。梅聖俞晚年更造園鄰右。蘇子美、歸有光皆有滄浪亭記，其地至今勿廢（版畫一、六、七）。蘇州又有五代廣陵郡王金谷園故址，入宋爲朱伯原樂圃，即今環秀山莊。朱勔緑水園，今餘遺址。宋南渡後，湖山歌舞，粉飾太平，三秋桂子，十里荷花，杭州蔚爲園林中心。除聚景、真珠、南屏、集芳、延祥、玉壺諸御園外，私家園亭，爲世所稱者，據湖山勝概所載，不下四十家。

嘉興有岳珂倦圃，入清歸曹氏，嘉慶時荒廢，改屬陳氏，重葺而後，竟毁於兵火。崑山有盛德輝倚緑園，已不復存。孝宗時，范成大歸隱石湖，並作初歸五湖詩誌之。齊東野語：「范公成大晚年卜築於吴江盤門外十里，蓋因闔閭所築越來溪故城之基，因地勢高下爲亭榭。」紹興沈園，本放翁舊遊，遺跡尚在（图271）。理宗時，賈似道有「再造」功，賜杭州御園酬之。似道得園，改名後樂。夢梁録：「西泠橋卽裏湖内，俱是貴官園圃。涼堂畫閣，高臺危樹，花木奇秀，燦然可觀。有集芳御園，理宗賜與賈秋壑爲第宅家廟。」

元初歸安有趙孟頫蓮莊。元末，無錫倪瓚築清閟閣、雲林堂。常熟有曹氏陸莊。蘇州有獅子林（版畫八）。獅子林疊石，歷兵火而猶存。

明正德間，無錫秦氏築鳳谷行窩（今寄暢園，版畫九、十）；嘉靖時，蘇州有徐氏東園（今留園）、王氏拙政園，上海有潘氏豫園（版畫十八、十九、二十）。四園屢經重修，今仍存。他如蘇州徐參議園、王文恪園，上海顧氏露香園、陳氏日涉園，今均湮没。惟明季蘇州天平山范文正墓旁構園，清高宗賜名高義莊，今猶未廢。光福之東崦草堂，本明季徐鏡湖别業，今歸吳氏，稱爲華園。金陵明初有徐達園邸，入清改稱瞻園，屬藩署。又有明初沐氏西園，清劃歸兩江督署。王世貞遊金陵諸園記，列舉三十有五，實江南巨觀。其所述西園，改建後爲今之愚園（版畫二十八）。太倉園林亦多至十餘，而以王世貞弇州園爲最著，今改爲汪氏半園。他若離資樂郊，早已不考。南翔宋時曾有怡園。迄於明末，則有閔氏猗園、李氏檀園及李氏三老園，時稱「三園」。李宜之有三園記。檀園李流芳所構，清初已失所在；惟猗園迄今尚存。南潯爲吳興巨鎮，舊有曉山園等數家，亦已早圮。紹興青籐書屋爲徐文長故宅，内有八景，數經易主，現猶未廢。華亭林氏素園，清初歸周氏，今已不存。崇禎間，計成擅造園之藝，遊於士夫之門，晉陵吳氏、鑾江汪氏（版畫二十五、二十六）、廣陵鄭氏，皆有其所爲園，惜乎遺跡至今不留也。

江南園林，創自宋者，今欲尋其所在，十無一二。獨明構經清代迄今，易主重修之餘，存者尚多，蘇州拙政園，其最著者也。

北方私園，自宋南渡後，無可述者。元建大都，士夫稍治園林，如趙禹卿匏瓜亭，惟規模甚小；張柔環水築榭，卽今保定蓮池（图53）。至明而燕京私園始興。米氏一家，至有三園。燕都遊覽志載米家湛園在苑西，漫園在德勝門，勺園在北淀，皆仲詔所構。勺園附近，又有李氏清華園。其餘權貴園林，不下二十，滿布城中，而東城佔其半數焉。

清初海寧陳氏隅園，本南宋安化郡王廢園，以高宗南巡駐蹕而著聞海内。帝易名爲安瀾（版畫十六）。道光間漸荒廢，惟十二樓新葺。樹石蒼古，池荷萬柄，梅花蔽日。咸豐被兵，遂成焦土。清高宗曾倣其制於北京，卽萬春園之四宜書屋也。英法聯軍火後，已不復存。杭州小有天園，舊名壑菴，汪之萼別業。嘉慶中方議售，旋逢太平戰役，今日僅餘荒草。高宗倣之於長春園内，亦毁於英法聯軍之役。

杭州私園別業，自清以來，數至七十。然現存者多咸、同以後所構。近且雜以西式，又半爲商賈所棲，多未能免俗，而無一巨製。俞曲園（樾）主持風雅數十年，惜其湖上三楹，不出凡響。蘇、杭並以風景名世，惟杭之園林，固遠遜於蘇矣。

嘉興清初有朱氏曝書亭，其後鄰卽李氏南園。今王店仍存朱亭殘跡，有朱竹垞手植槐。

南園則自清中葉後即爲菜圃。

揚州自六朝徐湛之築園，至宋有歐陽修之平山堂；寶祐間，又有壺春園、萬花園。明末鄭氏兄弟有四園，而以鄭元勳影園爲最著。揚州因清初康、乾二帝數次臨幸，又兼地當交通之衝，爲文人大賈之所萃。上巳修禊，十里栽花，歌管遏雲，園亭夾岸，一經駐蹕題詠，引爲殊榮，踵事增華，歷時四紀。所謂八家花園者，除影園外，即：王洗馬園、卞園、員園、東園、冶春園、南園、篠園是也。八園之外，尚有二十餘園，詳見揚州畫舫録。九峯園（即南園）、倚虹園、趣園，最邀高宗睿賞。然揚州園林，純屬點綴太平之物，以乾隆四五十年間爲極盛。時八方無事，淮海宴如：廿四橋之紅藥猶繁，十二樓之新聲未罷。乾隆十六年以前，袁子才遊平山堂，仍「長河如繩」，「旁少亭臺」（見子才序揚州畫舫録）。序又曰：

「自辛未歲天子南巡，……水則洋洋然回淵九折矣，山則峨峨然隥約横斜矣，樹則焚槎發等桃梅鋪紛矣，苑落則鱗羅布列閛然陰閉而霅然陽開矣。猗歟休哉，其壯觀異彩，顧陸所不能畫，班揚所不能賦也。」

揚州畫舫録：

「乾隆二十二年，高御史開蓮花埂新河抵平山堂，兩岸皆建名園。」

浮生六記：

「平山堂離城約三四里，行其途有八九里。雖全是人工，而奇思幻想，點綴天然，即閬苑瑶池，瓊樓玉宇，諒不過此。其妙處在十餘家之園亭，合而爲一，聯絡至山，氣勢俱貫。」

揚州城内，除南園外，載在履園叢話者，尚有七園。小玲瓏山館，並見畫舫録。片石山房疊石，傳出石濤手。

自來園林蔚興，未有如斯時揚州之蓬勃突然者。而其衰滅，亦有如轉瞬。至道光中葉，揚州又荒涼如故。蓋帝王之蹕不至，鹽商中落，江淮氾濫，以致歌舞銷歇，珠簾泥土。今惟平山堂、小金山爲舊勝。其得以僅存，應歸功於僧守。虹橋衰柳，白塔斜陽，明月無恙，邗江匽瀦。以比當年之綠楊城郭，午日畫船，今昔之感，遊者所不盡知也。

如皋明季有冒辟疆水繪園（國畫三）。清初袁枚往訪，已無陳跡。見隨園詩話。又有汪春田文園及綠淨園（版畫二十五、二十六），分爲南北，中隔一溪，有橋可通。道光初年尚存，見履園叢話。文園，創始於雍正年汪氏，再加戈裕良經營。六十年後始有綠淨。

清乾隆初，袁枚購江寧隋織造園，改稱隨園，在小倉山。距小倉山不遠，明焦茂慈建園，亦稱隨園。二百年間，事亦巧矣。俞樾謂袁子才以文人而享園林之福數十年，古今罕有。其園因山結構，有如梯田（版畫十一、十四，圖版貳拾伍），惟今日已無跡可尋。金陵劉夢芳營半野園，與子才往來相唱和。李笠翁芥子園、周氏春水園、仇氏倉園、李氏繼園、湯氏琴隱園，一時稱盛，今皆蕩然。

常熟在明季有瞿氏東皋草堂，但已早廢。清初張南垣爲錢牧齋造拂水園，今已湮没。燕園有戈裕良所疊假山，尚完整。其餘諸園，則清中葉後所造。

吴興昔時園林雖盛，今則不彰。吴興園林記述宋時私園，多至三十。今僅陸氏潛園及城南沈氏義莊，足資遊賞。滄桑之速，有如是者。然吴興園林，今實萃於南潯，以一鎮之地，而擁有五園，且皆爲巨構，實江南所僅見。龐氏宜園，其鄰卽張氏東園。劉氏小蓮莊，與張氏適園相去不遠。覺園已就荒廢，前四園則完整。吴門之外，此當首推矣。

無錫太湖諸園，創自辛亥革命以後，惟梅園乃清初徐氏桃園故址。私家祠堂，小有園亭之勝者，亦有三四，然實當推寄暢爲最著焉。

江南園林，論質論量，今日無出蘇州之右者。自顧辟疆以來，其間陵谷變遷，興廢易主，難以數計。至咸、同兵禍，遂一蹶而難再興。自明迄今，蘇州私園，見諸記載者，不下七十。東園、拙政園，既發軔明代，按吴縣志，紫芝園、真趣園、延祼園、塔影園、芳草園、怡老園，皆明構而今或毁或廢。西磧山逸園，清初程在山所築，袁枚嘗訪之（見隨園詩話）。沈氏懷雲亭，始自乾隆間，後歸周氏，改稱樸園。蔣深繡谷（繡谷傳爲王石谷所造）、陸閭亭涉園，俱見履園叢話。大抵起自康、乾，至道光中葉而猶不廢，咸豐兵燹之後，遂蕩然無存。惟涉園後歸祝氏，延至清末屬沈秉成擴爲東西二部，稱耦園；後屬劉氏。虎邱一榭園，乃戈裕良爲任兆炯造，後歸孫星衍，旋改祠堂。木瀆居靈巖、香溪之間，山川明媚。靈巖之西，在明有王氏秀野園，後歸韓氏，改稱樂飢。畢沅靈巖山館，嘉慶時歸蔣氏，沅又得徐氏水木明瑟園。他若耐久園、遂初園、怡園，皆木瀆勝跡，而或荒或廢，隨他園以俱盡。今僅嚴氏羡園，劫後獨存。

現況

南宋以來，園林之盛，首推四州，即湖、杭、蘇、揚也。而以湖州、杭州爲尤。明更有金陵、太倉。清初人稱「杭州以湖山勝，蘇州以肆市勝，揚州以園亭勝。」（見揚州畫舫録）今雖湖山無恙，而肆市中心，已移上海；園亭之勝，應推蘇州；維揚則邃館露臺，蒼莽滅没，長衢十里，湮廢荒涼。江南現存私家園林，多創始或重修於清咸豐兵劫以後。數十年來，復見衰象。「猶有白頭園叟在，斜陽影裏話當年」，可爲本篇詠矣。

蘇州

拙政園（圖版壹）

在婁、齊門之間，本唐陸魯望故宅。在元爲太宏寺。明嘉靖初，御史王敬止因寺基爲別業，名拙政園，後歸徐氏。清初爲海寧陳氏所得，又以添設駐防兵，改爲將軍府。駐防旋撤，爲兵備道行館，嗣爲吴三桂婿王永康所居。康熙十八年，改爲蘇松常道署。缺裁，散爲民居。乾隆初，蔣誦先購之，起爲復園。袁枚爲蔣姻家，屢住斯地，觴詠極一時之盛。嘉慶中，池館蕭條，改歸查瞻餘，得還舊觀。嘉慶末，質於吴氏。道光時，何子貞過其地，則亭臺已多欹倒。咸豐間，爲太平軍所駐，今筆華堂諸地，傳爲李秀成治事之所。太平後，易爲江蘇巡撫署。同治時改爲八旗奉直會館，因而日就荒廢。蓋咸、同之際，吴中諸園，多遭兵火，今所見者，率皆重構。斯園得以幸存，數十年來，並未新修，故墜瓦頽垣，榛蒿敗葉，非復昔日之盛矣。惟談園林之蒼古者，咸推拙政。今雖狐鼠穿屋，薜苔蔽路，而山池天然，丹青淡剥，反覺逸趣横生。正門内假山雖不工，而有屏障之妙。遠香堂居中，四顧無阻。東北空曠，自多山林；而西南曲折，北望見山樓，實爲全園點睛。布置用心，堪稱觀止。愛拙政園者，遂寧保其半老風姿，不期其重修翻造。按嘉靖十二年，文徵明曾作拙政園圖，共三十一景。道光十六年，戴熙復將文圖各景，收歸一幅，其大體與今日猶未多乖（國畫二）。斯園雖屢易主，意者舊制尚不盡失也。其西本乾隆間葉園，光緒初張氏改築，名補園（圖版貳）。東鄰故爲明季王氏歸田園，已蕩無一物矣。

獅子林（圖版叁）

在城東北隅，去拙政園不遠。元至正二年，稱菩提正宗寺。僧維則好奇石，疊爲假山。至正二十三年，朱德潤作獅子林圖；洪武十八年，倪瓚作圖；翌年徐賁作圖；清初查士標又作圖。朱圖、查圖惜未之見，倪圖但寫大意（國畫一），獨徐圖較爲詳盡。寺於洪武初併於承天能仁寺。嘉靖中爲勢家所佔，僅存彌陀院。萬曆時收復，賜名聖恩寺。清乾隆二十二年，賜改畫禪寺。獅林原爲佛宇，人稱倪瓚疊石固非，謂爲倪之别業更非。按園林部分，與寺隔絶，當在明、清之際。清初易爲黄氏涉園，高宗效其制於北京之長春園，又倣造於熱河避暑山莊，即文園也。兩地今僅餘遺址。獅林亭臺久廢，疊山雖存，亦殘缺垂危。後歸李氏，近屬貝氏。除大部假山外，殆皆新建。不特證之倪圖，景物全非，即徐賁圖中，亦僅一二相似而已。斯園主體，全在疊山，堆鑿鬼工，湖石奇絶，盤據蜿蜒，占全園之半。惜屋宇金碧，失之工整。園外即祠堂住宅，並附有學校。

留園（圖版肆）

在閶門外。明嘉靖間，徐泰時東園故址。園東北有東園衖，昔稱花步里。萬曆間，袁中郎稱「東園宏麗軒舉，前樓後廳，皆可醉客。」清嘉慶時，園爲劉恕所居，名寒碧莊。道光三年，經營始成，人呼之爲劉園。恕性愛石，園中聚奇石爲十二峯。光緒二年，盛旭人購之，易名留園。後又增拓東西兩面，經營十餘載，蔚爲東南園林巨觀。園分三部，中部爲涵碧山房，老樹陰濃，樓臺倒影，山池之美，堪擬畫圖。大而能精，工不傷雅。東部以冠雲峯（圖106）爲主，乃明徐氏東園舊物。水石臺館，皆以「雲」名之。措置適意，勝境天成。戲臺部分，已劃出園外。西部有丘陵小溪，便於登臨，富有野趣。園内裝折鋪地女牆，各盡其妙，而以鋪地爲尤。山石亦非凡品。自公開遊覽後，修繕之餘，未改舊觀，更不可謂非林泉之幸也。

環秀山莊（圖版伍）

汪氏耕蔭義莊，亦稱頤園，在景德路。本五代廣陵郡王錢氏金谷園故址。入宋歸朱伯原爲樂圃。元時屬張適。明成化間，爲杜東原所有，後歸申時行。清乾隆時，蔣楫居之。現有假山，出自戈裕良手。下有洞，上置亭。其所作洞，即前章所謂「頂壁一氣，成爲穹形」者也。環以小池，微似拳勺，而風味殊勝。畢沅繼蔣氏有此園，旋歸孫補山。道光末，屬汪氏爲義莊。咸、同戰禍，頗有毀傷，光緒中重修。現久經駐軍，裝折四散，澗瀑不流，幸假山完整，花木扶疏，兩亭一舫，猶可登臨。西部劃爲義莊，南部廳堂，曾一度散爲民居。

怡園（圖版陸）

在護龍街。本明吴氏復園舊地，清末收藏家顧鶴逸所築，俞樾爲之記。西爲義莊，東爲園，今日園門，在尚書里。住宅在園外；過雲樓藏書畫處，結構頗精。園内西北堆山，東南多水。劃分庭院，善用曲廊，不泥於直垣方角。可自怡齋一帶，假山荷池，稍似留園，而全局則較疏曠。園中題詠，多用集句，曾有單行本。

惠蔭園（圖版柒）

即安徽會館，在玄妙觀東，本明歸氏園。清初易爲韓氏洽隱園；乾隆十六年重修，有小林屋洞壑乃明末周秉忠所作，最爲勝境。後歸倪氏。同治五年，屬安徽會館，改名惠蔭。翌年又購入西北隙地爲山池，共成八景。園之南部，高下曲折，洞壑幽深，上置重閣。今之棲雲處，即小林屋一帶地，昔日之琴臺猶存焉。稍北方池圍廊，敞軒數進，漸就凋敝，有待修補。

西園（圖版捌）

在閶門外，距留園甚近，爲今寺園中著稱者。本明萬曆間徐氏西園，後捨園爲寺。崇禎八年，建戒幢律院，園居其西。咸、同兵火，寺園均毁。今寺雖重新，而園未全復也。園之主眼，在放生池。亭立池中（圖37），有曲橋達兩岸。岸西荒蕪不治，近放牲園。東岸有四面廳及長廊，與羅漢堂比鄰。

網師園（圖版玖）

在闊家頭巷，宋史正志歸老姑蘇，築園名漁隱，清初歸宋宗元時稱網師。嘉慶間，園中芍藥與揚州並稱。道光時瞿遠村增構之，遂稱瞿園。後歸吴嘉道；又轉而歸李鴻裔，時當同治初年。旋屬達桂。辛亥革命後，達售園與張金坡。最後歸何亞農。園東部有宅數進。中部假山荷池，古木參天。西院小築，乃畫師含毫命素之所，園宅兼俱。典雅古潔，别具一格。自李氏迄今，主是園者，間爲畫家。據林泉之勝，養丘壑之胸，至足羡也。

滄浪亭（圖版拾）

在城南。吴越孫承祐築園其地。宋蘇舜欽得之，建滄浪亭，後歸韓世忠。元、明之際，變爲僧院。嘉靖時，釋文瑛復建滄浪亭。清康熙間重修，後毁於咸、同兵火。同治十二年再建。今改爲美術專門學校校舍，園中屋宇，漸易舊觀。園外曲水當門，石梁濟渡，園内一勺而已。沿水盡設廊牖（圖77），内外兼顧。不築高牆，自無畛域，可謂别具匠心者矣。

羡園（圖版拾壹）

在木瀆王家橋側。清道光八年錢端溪所築，稱端園，並自爲記。端溪能詩，蓋隱居不仕者。木瀆故有潛園、息園，咸豐兵燹，俱成灰燼。惟端園獨存，旋歸嚴氏。光緒二十八年，重葺一新，號爲羡園。今之友于書屋及延青閣等處，皆端園舊勝。北臨田野，登樓憑窗，遠矚天平，近望靈巖，極遊目騁懷之致。園内布置，疏密曲折，高下得宜。木瀆本多良工，雖處山林，而斯園結構之精，不讓城市。惟失修已久，日就頹敗。

此外尚有文衙街藝圃，本明文氏藥草園（圖281）。遂園，在景德路，清康熙間慕氏所構，後歸席氏，又歸劉氏，現復易主重修。耦園在小新橋巷。可園與滄浪亭對門，今爲省立圖書館。虎邱靖園，即李鴻章祠。城中尚有小園，以暢園、壺園爲最，而私人宅第之附有園亭者，蓋比比皆是矣。

揚州

揚州現有園林，分集於城北及南河下。南河下各會館，多小有軒池。湖南會館本清初陳氏小方壺，繼歸黃氏爲駐春園，又改爲洪氏小盤州，道光間歸包氏，葺爲棣園（版畫二十七）（圖29）。相去不遠，即爲何園。

何園（圖版貳拾柒）

爲揚州私園之最大而仍存者。住宅在東部，中部正廳，院落重重。西有洋式房屋三排，其後卽園林部分，稱寄嘯山莊。園爲鹽官何芷舫所建，垂五十年，亭臺失修，益以駐軍，荒圮日甚。山池以外，爲戲臺花圃，徒見昔日梨園藥欄之盛，主人久已移居滬濱，遊者不禁生柳老堂空之感。

徐園

與小金山相對，爲近年所建，本元崔伯亨園，後歸洪氏，分爲大小二園，大洪園由清高宗賜名倚虹，遺有題倚虹園石額，嵌於壁脚。

凫莊

築於島上，在法海寺前，本陳氏業。地位殊勝，惜屋宇傾倒。

平山堂

蜀岡在宋有大明寺。慶曆八年，歐陽修爲堂於其偏。江南諸山，拱揖檻前，故名平山。「文章太守」之雅構，後人仰慕風流，迄今千年不廢。惟清康熙間，平山堂重建，已非原址。乾隆元年，平山堂再建，並爲園於堂西，規模至今仍之。高宗南巡，改寺名爲法静。

他若鹽運使署，亦有園亭，年久未修。個園屬黄氏，在東關街（圖版貳拾捌）。揚州市廛巨廈，多就隙地爲山池，與蘇州相似，然已蕭條零落矣。

常熟

燕園（圖版拾貳）

在北門内靈官殿旁，清乾隆四十五年台灣知府蔣元樞構。五十年後，歸同族蔣因培。戈裕良爲疊兩山，東南隅用湖石，西北一山則用黄石，而湖石山實絕勝，世所稱燕谷者也。道光間，錢叔美爲蔣因培作燕園十六景圖（國畫四）。道光二十七年，園屬歸氏。太平之役，稍有毀傷。光緒間又歸蔣氏。旋售於張氏，即今主人隱南先生也。先生親爲嚮導，述園之歷史，且曰：「歸氏既售園，盡撤其中題詠匾聯，攜之俱去，至今園中乃不存一字。」浩劫不滅於兵火矣。

壺隱園

在西門内西倉橋，本明陳氏第。清嘉慶中，吴曼堂得之，築爲亭臺，後又得明錢氏南皋別業故址，增拓園池。今園屬丁氏，久已荒廢，扃鍵爲常。

虚霩居（圖277）

在九萬圩，本明錢岱小輞川故址。清光緒時，曾之撰鑿池構屋，俗稱曾園。近已有西式住宅夾雜其間，一部並改爲茶肆矣。

他若寧靜蓮社，本名水吾園，後歸趙氏，今屬盛氏，重修未竟。之園屬翁氏，頹敗最甚，不可涉臨。北門外菱塘沿澄碧山莊，爲沈氏近構，少蒼古之致。

上海

內園（圖版拾叁）、**豫園**（版畫十八、十九、二十）（圖版拾肆）

上海邑廟，有東西兩園，東園卽內園，清康熙年建。乾隆間，錢業醵資買去。道、咸之際，兩遭兵劫，相繼修復。太平之役，駐英、法軍，多所摧毀。民國九年，重復舊觀，仍屬錢業公會。園占地止兩畝，曲折高下，盡能如意，實小園傑構。豫園本明嘉靖間潘充庵所構，卽今萃秀堂一帶地。方廣四十畝，經營二十年。現有九曲橋、九獅亭，皆屬其範圍。清乾隆間，園售於邑廟，因已有東園，遂稱西園。重葺而後，數次兵燹，與東園共之。同治年再修，早失豫園本色矣。

也是園

在尚文門内凝和路。本明喬氏南園。旋屬李氏，更名也是，後又改爲橤珠宫。光緒間曾三次增益，近又爲官廳修改不少，惟舊存部分，仍不失爲古雅（版畫二十三、二十四）。

九果園（圖版拾伍）

清光緒間吴文濤所構，在曹家渡。占地雖小，而位吴淞江岸，形勢頗勝。惜被雜居割據，穢敗不堪。園有果樹九本，故名九果園，亦名吴園。

他若徐園、半淞園，已淪爲商賈争利之場。哈同愛儷園及周氏學圃園布置，中西夾雜。李氏滬西吾園及從溪園，今均不考。漕河涇黄氏園，經營方竣，亭臺修整，惜缺古木繁蔭之致。

無錫

寄暢园（圖版拾柒）

明正德中，秦金建園惠山，曰鳳谷行窩。園本僧寮，舊名南隱。金歿，園歸族孫梁，旋歸梁之從子燿，改曰寄暢園。其後園遂分裂。至曾孫德藻又合併改築，張鉞爲疊山；鉞，南垣之從子也。清康熙、乾隆二帝南巡，數駐蹕於此，高宗並倣其制於京師清漪園東北隅，名惠山園，卽今頤和園中之諧趣園也。高宗所倣江南私家園林，惟此猶存。明末王穉登記寄暢園曰「其最在泉，得泉多而工於爲泉。」清初姜西溟記寄暢園，稱其「古木清渠，攖舞澄泓。」故傳老樟有千年者。惜咸、同兵火，澄池嘉樹，鞠爲茂草，近稍修復，非似昔日之盛矣。

現況

太湖諸園，如梅園、錦園、蠡園、漁莊等，皆由邑人成自近歲，續有增補。除漁莊外，多參雜西式，混以水泥，殊可惜也。

南翔

猗園（圖版拾陸）

在廣福禪院西，本明閔氏園，布置出朱三松手。後歸李長蘅，旋屬長蘅從子緡仲，猗園之名始著。清乾隆初，葉魏堂購而增飾之，名古猗園。乾隆末，入城隍廟爲靈苑。嘉慶中，曾經重葺。太平之役，多所損毁，同治七年修復，近改爲公園。乾隆間，沈元禄記猗園謂「莫一園之體勢者，莫如堂，據一園之形勝者，莫如山。」堂曰逸野，登之則「一園之勝，可得而攬其大凡。」惟記中所指「曲廊十數楹」、孕清亭、采香廊等，似在園南，今已無跡可尋矣。

南翔其他諸園，僅小有亭榭，大部悉爲花圃。

太倉

半園

舊弇園也，在隆福寺西。按婁東園林志：「王弇州爲園七十畝，有長溪、三山。」今園小而屋宇夾雜，舊日假山，僅存一撮。

南園（圖278）

本明王錫爵園，其孫清初畫家時敏增拓之。有二峯曰簪雲、侍兒、系移自弇山園者。嘉、道間重修，咸豐時毀於兵火。同治間，又次第修復，並移安道書院於此。現屋宇破舊不堪，久未修繕。

現況

亦園

蔣氏所構，精雅爲一地冠，近改爲醫院，漸易舊觀。

嘉定

秋霞圃

在城隍廟後。先是明正、嘉間有龔氏園，後屬汪氏。清雍正四年，歸邑廟爲靈園。其側有沈氏東園。乾隆中，與靈園並，即今秋霞圃也。

雪園

屬胡氏，爲近構。鋭意雕鑿，人力太勝。

其他一二私園，因朽舊而終年關閉矣。

南京

愚園（版畫二十八）（圖版貳拾陸）

清同治後，南京新起園林，今猶存數家，以愚園爲最著，即胡園也。園本明徐氏西園故址，後歸吴氏。清光緒初年，胡煦齋就地之高下，置亭館數十所。園在鳳凰臺花盝岡東南。南有大池，周以竹樹；北部疊石爲山，嵌空玲瓏，迴環曲折，頗見經營之妙。然久失修葺，疊石雖存，已危不可登。

瞻園

有二：其一爲清初秦淵泉在武定橋東所築，早圮；又其一卽今之瞻園（圖版貳拾叁），本明初徐達中山王府西偏小園，在大功坊。清高宗南巡時曾駐蹕於此，題曰瞻園，並倣其制於京師西郊長春園内，即如園也。山石傳係宣和遺物，下有七洞，南臨水涯。静妙堂前後方池，有溝可通。咸、同戰後，景況全非；湖石且有先後散入鄰園近宅者（圖109）。

頤園（圖270）

在城南磨盤街，清同治間梅纘高建。纘高爲梅曾亮猶子，將其先世書畫之散失於太平戰役者，復爲收集，築食舊軒於園中而庋之。今亦稱蔡園。

煦園（圖版貳拾肆）

本明初黔寧王沐英宅第，入清爲兩江督署西園，有石舫，袁枚爲作不繫舟賦，一度爲太平天王府。

此外有張侯府園，在城東，清初張勇建。清末歸李氏，旋贈張氏。商園臨八府塘，爲清江寧織造府舊園，所餘山池無幾。有楝亭，傳爲曹雪芹寫紅樓夢處（圖279）。

崑山

半繭園

在東城橋北，本明嘉靖時葉氏春玉園，其後嗣增拓，改稱繭園。清初園析爲三，葉氏族人割其半葺之，稱半繭園。旋歸陸氏。乾隆中，併入新陽邑廟，嘉、道間重修。園中小有堂前有寒翠石（圖64、104），爲宋王氏快哉亭舊物，蘇東坡曾題識之。元時屬顧德輝之玉山草堂，柯九思曾見而下拜。清嘉慶八年，移石於此。

杭州

皋園（圖274）

在清泰門北，本明隆慶間金學曾別業，故又名金衙莊。清初，嚴沆割其半築園，自稱經重修。

「古樹當軒，流泉繞户」（見東城雜記），實當時湖山異境也。嘉、道間，園歸章氏，又屬嚴氏，同治以後，改爲局署。園中老樹甚多，屋宇多已改造，舊存部分，如滄浪書屋等，亦屢經重修。

紅櫟山莊（圖版拾捌）

在花港觀魚側，爲高雲麟別業，故稱高莊。或云：園係彭玉麟爲高氏所築，以酬舊誼者，故匾額題詠，年代均在同治十年以後。

汾陽別墅（圖275）

即郭莊，昔之宋莊也。在卧龍橋北，濱裏湖西岸。有船塢；西式住宅，僅占一角。園林部分，環水爲臺榭，雅潔有似吳門之網師，爲武林池館中最富古趣者。

金溪別業（圖版拾玖）

在金沙港，係唐氏祠園，又稱唐莊。祠成於清光緒間，復於其東北爲園亭。惟年久失修，將歸湮滅。

水竹居

在丁家山下，卽劉學詢別業稱劉莊。近重葺一新，爲湖上別業中最大者。可分爲祠、墓、園、宅諸部，又劃一部爲旅舍。

漪園

在雷峯西，明末白雲菴舊址。清初汪獻珍重葺，易名慈雲，復增構亭榭。高宗南巡，賜名漪園。現已荒圮。

以上諸園，除皋園外，皆爲咸、同兵火以後所建，且皆靠裏湖。廉莊卽小萬柳堂，今屬

現況

蔣氏，稱蘭陔別墅。三潭印月在蘇堤東小瀛洲，有三角亭、萬字廊。孤山公園圖書館、博物館一帶，高下爲園；博物館卽昔之文瀾閣，閣前山池頗精。西泠印社與此連爲一氣，同爲孤山遊賞佳地焉。

南潯

宜園（圖版貳拾）

在鎮東，清末收藏家龐虛齋所構。東南角爲家祠，西與張氏園第比鄰，南半亭榭曲折，北半荷池開朗，別具一格。南潯雖多大園池，無能與此争者。朱祖謀題園額云：「春宜花，秋宜月，夏宜涼風，冬宜晴雪；景與興會，情與時適，無乎不宜，則名之曰宜園也亦宜。」況周儀宜園記稱：「園主人善書畫，精鑑藏。構園之始，規劃不經師匠，一樹一石，自饒畫趣。」殆計成所謂「七分」者也。

东園

在宜園西鄰，清末張定甫構。有荷池，臨水築閣，曰緑繞山莊。

適園（圖272）

在南栅新開河，清末張石銘構，本明董氏園舊址。園有大池，分内外兩部：外園有石山迴廊，内園有四面廳土山。玉蘭花樹爲鎮中最大者。

劉園（圖273）

在南栅萬古橋西，清末劉貫經構。池廣稱十畝，即古之掛瓢池。十餘年前劉承幹建嘉業堂藏書。北部爲義莊家廟。池之南岸，有屋曰小蓮莊，人因以名園焉。

覺園

在鎮南，園中兩池南北並列，屋宇又雜用日本式及西式，地大而無曲折。南栅又有劉氏留園、崔氏桃園、梅氏述園。述園爲太平戰役以前所闢，餘則皆清光緒中葉創始也。

吳興

潛園

在東門内，清末陸心源構，有荷池、山石、亭、橋、樓、閣，但少曲折之致。

鷺亹別墅

在横塘，清末沈鏡軒捐築義莊，因葺斯墅，其子擴而大之，稱沈氏義莊。市中又有丁園、潘園，皆近構，而以花木著稱。

嘉興

煙雨樓（圖版貳拾壹）

在南湖中，四面環水，乃五代時廣陵王錢元璙所建。南宋寧宗時，王希呂重修。明嘉、萬間，增填淤土，構築亭榭，並拓臺爲釣鰲磯，開放生池名魚樂國，遂成勝地；萬曆十年石刻猶存（圖221）。清初康、乾兩帝南巡，數次重修，並倣其制於熱河之避暑山莊。咸豐年毀於戰火。同治年後，稍有修築；民國以來，始復舊觀。惟與清初煙雨樓圖（版畫十五）相較，則當時正門，適在今寶梅亭下，居全部最後。今日正門向東北，係乾隆間重修改建。晁采館清課云：「嘉禾郡城皆水，煙雨樓當高阜之勝，雕窗綺閣，四面臨湖；其妙在煙雨拂渚、山雨欲來時，漁船酒舸，微茫破霧，但聞櫓聲伊軋耳。」然煙雨與樓臺之妙，純爲詩人幻夢。清高宗壬午臨幸，未逢氣候之巧，故御碑題詩，有「自過江後總開晴」之怨。樓之有賴於煙雨者，蓋南湖水狹，四望皆岸，甚少極目丘壑、汪洋無際之感，惟朦朧雲霧、山色有無中，

現況

始覺近於理想耳。

落帆亭（圖版貳拾貳）

在城北杉青閘。閘建自宋，有吏舍及亭。明天啓末重構。清光緒六年重修有記云：「亭名落帆，肇自南宋，歷朝修葺，記詳載志；庚申……，禾郡爲墟。」落帆亭及其前之疊山，爲杉青閘精萃；酒仙祠則在範圍之外。

城中有寄園，淪落不值一顧矣。

曝書亭（圖276）

在嘉興王店梅會里，清康熙間朱彝尊構。嘉慶初，阮元過訪，易亭柱爲石而重修之。道光間又重修兩次。咸豐年間，未遭戰火。同治五年重修，於亭後置三楹。宣統三年又重修。近漸就荒廢，仍由朱氏子孫守之。其東鄰爲南園故址。

按江南城鎮，隨地有園，惟雅俗軒輊，或品題見遺，志乘不載，鄉里罕知，致訪者迷焉。昔人爲記，多醉心於文人韻事，或忽於實地情形，往往園已成墟，而猶詳述亭池，歷歷如繪，似若諱言其不在者，斯蓋不如無書也。前舉各例，約計五十，皆現存園林，而處交通方便之地者。著者每門開直入，間因介叩扉。或一遊再三來，或盤桓不能去。雜考志乘野史筆記諸書，其有姓氏沿革可按者，證之傳聞，記其約略，而尤於文士藝人之所居，三致意焉。至於園亭屋宇名稱題詠，及經營位置，品評與會心，則有待讀者扁舟蠟屐以從事矣。各園大多爲傑構，而有保存之價值，第訪遊不周，有所遺漏耳。此外青浦城隍廟側有曲水園，吴江城隍廟東有共怡園，宜興城隍廟有瀛園，嘉善有東園，松江有醉白池，皆可作半日之倘佯，一時之憑弔也。

雜識

吾國小說描寫園林最詳盡者，當推金瓶梅與紅樓夢。金瓶梅作者，有曰爲王元美，確否不具論。然元美太倉人，太倉於明末固富於園林者。元美自構弇山園，大七十畝，中有長溪、三山，極亭臺之勝。今汪氏半園，即其地也。金瓶梅載内相花園有云：

「但見千樹濃陰，一灣流水。粉牆藏不謝之花，華屋有藏春之景。武陵桃放，漁人何處識迷津；庾嶺梅開，詞客良辰聯好句。端的是天上蓬萊，人間閬苑。……下轎步入園來。……慢慢的步出迴廊，循朱欄，轉過重楊邊，一曲荼蘼架。踅過太湖石松風亭，來到奇字亭。亭後是繞屋梅花三千樹，中間探梅閣，閣上名人題詠極多。……又過牡丹臺，臺上數十種奇異牡丹。又過北是竹園，園左有聽竹館、鳳來亭，匾額都是名公手蹟。右是金魚池，池上樂水亭，凭朱欄俯看金魚，像是錦被一片，浮在水面。……又登一個大樓，上寫着聽月樓，樓上也有名人題詩，對聯也是刊板砂綠嵌的。下了樓往東一座大山，山中八仙洞，深幽廣闊，洞中有石棋盤；壁上鐵笛洞簫，似仙家一般。出了洞，登山頂一望，滿園都可見到。」

以上所述，與園林布置之旨暗合。初入園，有朱欄迴廊，漸見亭臺，然後到池，而以樓及假山殿後；登其高處，顧盼全局，由小及大，由卑至高，斯經營位置之定律也。

紅樓夢之述大觀園，則間以批評。著者曹霑（雪芹），世居江寧，今八府塘楝亭，即織造府舊園，好事者遂稱霑寫紅樓夢於此。其第十七回有云：

「只見正門五間，上面銅瓦泥鰍脊。那門欄窗格，俱是細雕時新花樣，並無朱粉塗飾，一色水磨。磚牆下面，白石臺階，鑿成西番花樣。左右一望，皆雪白粉牆，下面虎皮石，隨意亂砌，自成文理，不落富麗俗套。……開門只見一帶翠嶂，擋在面前。……賈政道，非此一山，一進來園中所有之景，悉入目中，則有何趣？」

按今蘇州滄浪亭及拙政園門内假山，正爲此也。所述粉牆水磨，並無塗飾，亦切合江南園林體制。又紅樓夢述寶玉論「天然」一段，詆吾國園林矯枉過正、造作牽强之弊，曰：

「此處置一田莊，分明是人力造作而成：遠無鄰邨，近不負郭；背山山無脈，臨水水無源；高無隱寺之塔，下無通市之橋；峭然孤出，似非大觀。……古人云天然圖畫四字，正謂非其地而强爲其地，非其山而强爲其山。卽百般精巧，終不相宜。」

王元美語陳眉公云：「山居之迹於寂也，市居之迹於喧也，惟園居在季孟閒耳。」蓋人之造園，初以巖穴本性，未能全失，城市山林，壺中天地，人世之外，别闢幻境；妙在善用條件，模擬自然。惟雅俗之間，工拙立見。或人力太勝，或真假懸殊。論者每病中國園林，過於造作，不若西洋公園富天然之美。惟吾國園林，多依人巧天工，有如繪畫之於攝影，小說之於史實。李笠翁所云「未有真境之爲所欲爲，能出幻境縱橫之上者」是也。豈中國園林之道，其造詣爲較高耶非耶？然數千年來東西因文化之不同，哲學觀點之懸殊，加以生活習慣之差異，吾國舊式園林與詩文書畫，有密切之關係，而自成一系統，固不可與另一系統，作不倫之比擬也。

金陵瑣事云：「姚元白造園，請益於顧東橋。東橋曰：多栽樹，少造屋。園成，名曰市隱。」履園叢話載無錫李芥軒構浣香園，僅有堂三楹，曰恕堂，堂下惟植桂樹。袁學瀾構雙塔影園於吳中，自爲記云：「吳中固多園圃，恒爲有力者所據。高堂深池，雕窗碧檻，費資鉅萬，經營累年，妙妓充前，狎客次坐。歌舞乍闋，荆棘旋生，子孫棄擲，蕪没無限。殆奢麗固不足恃歟？今余之園，無雕鏤之飾，質樸而已；鮮輪奂之美，清寂而已。」此則不特少造屋，且所造者，亦僅止白屋青扉。文人之園，固當如樂天草堂也。司馬温公獨樂園，堂不過數十椽，臺不過尋丈，曰菴、曰圃者，不過結竹杪落蕃蔓草爲之。李文叔謂其所以爲人欲慕者，不在於園。莊周云：「覆杯水於坳堂之上，則芥爲之舟。」晉簡文亦曰：「會心處不必在遠，翳然林木，便自有濠濮間想。」園林之傳，既不在大小繁簡，亦不在久遠。蓋園林壽命，僅樹石較長，屋宇若任其頹敗，則不過三五十年。此則賴達者觀萬物之無常，感白駒之一隙也。昔袁子才臨終時，期隨園得再保三十年，余願已足。賴二子愛護，五十餘載，景物如新，卒毀於太平江寧戰役。李德裕營平泉莊，誡子孫曰：「以一樹一石與人者，非佳子弟也。」又曰：「鬻吾平泉者，非吾子孫也。」慮之遠而謀之深，徒見其昧於盛衰興廢之數而已。俞樾曲園隨筆云：「曩在京師，許文恪公召飲於其養園。文恪曰：冉地山侍郎，嘗病吾以楊木爲屋，恐不耐久。吾曰：君視此屋，可支幾年。冉曰：不過三十年耳。……未幾數年，公歸道山，屋固未圮而已易主矣。余在吳下築春在堂，旁有隙地，治一小圃，名曰曲園，率用衛公子荆法，以苟字爲之；或慮其不固，余輒舉文恪語以解嘲焉。」園林之轉瞬凋敝，其故在此。然非易雕宮於穴處，反玉輅於椎輪之謂也。蓋閑雲野鶴、適意娱情之物，固不必如廟堂歷百世而不毀耳。

文昌雜録云：「北京留守王宣徽，洛中園宅尤勝，中堂七間，上起高樓，更爲華侈。司馬公在陋巷，所居才能庇風雨，又作地室，嘗讀書其中。洛人戲云：王家鑽天，司馬家入地。」鑽天園林，反不傳於後世。或有豪貴佔地爲園，富者遊樂，貧者以失生計。清波雜志云：「蔡京罷政，賜鄰地以爲西園，毀民屋數百間。一日京在園中，顧焦德曰：西園與東園，景緻如何？德曰：東園佳木繁蔭，望之如雲，西園人民起離，淚下如雨，可謂東園如雲，西園如雨也。」帝王有所興建，閭閻不寧。艮嶽花石綱之役，北宋隨亡，爲禍更烈矣。南齊廢帝見民家有好樹美竹，輒毀牆拆屋而取之。

日本小堀遠州爲園，與主人約三事：一、不吝勞費；二、勿急求成；三、未成之前，不可莅觀。今試與吾國昔賢爲園之旨對映。不吝勞費，或富貴者優爲之，文人則「清風明月本無價」，有時竟不費一錢。司馬公獨樂園，新創井亭，乃園丁積茶資十千所建（見昨非菴日纂及人譜類記）。清吴綺歸隱江都，園蕪不治，凡索文與詩者，以花木竹石爲潤，不數月而成林，因名種字林（見清稗類鈔）。爲園勿急求成，「成」者，非必朝營夕就也。山石亭池成矣，而花木仍有待；蓋楊柳雖成蔭，而松柏尚侏儒。且石徑之苔蘚未生；亭臺之青素刺目，非積年累月，風剥日侵，使漸轉雅馴不爲功。東坡書雪堂曰：「臺榭如富貴，時至則有；草木如名節，久而後成」，蓋斯意也。園未成時，不可涖觀，即成後主人亦不宜常往，始得奇趣。遊客入園，景物皆新，經營布置，悉出意外，主人亦應如遊客置身境外，若看畫圖。日本庭園，古無苑路。中峯本禪師詠天目詩所謂：「只堪圖畫不堪行」者也。董其昌兔柴記云：「幸有草堂、輞川諸粉本，……蓋公之園可畫，而余家之畫可園。」一則寓園於畫，一則寓畫於園，蓋至此而園與畫之能事畢矣。董又記云：「……亦僅付園丁筦鑰，作者遊者，賓主誰分？」司馬光獨樂園詩曰：「暫來還似客，歸去不成家。」園成而猶有涖觀不得之憾者，蓋亦多矣。

造園一藝術，遊賞又一藝術。世説新語：「晉王子敬自會經吴，聞顧辟疆有名園，先不識主人，逕往其家。值顧方集賓友酣燕。而王遊既畢，指麾好惡，旁若無人。顧勃然不堪曰：傲主人，非禮也，以貴驕人，非道也，失此二者，不足齒，人傖耳。便驅出門。獻之傲如，不以屑意。」又：「王子猷嘗行過吳中，見一士大夫家極有好竹。主已知子猷當往，乃灑掃施設，在聽事相待。王肩輿徑造竹下，諷嘯良久。主已失望，猶冀當通。遂直欲出門。主人大不堪，便令左右閉門，不聽出。王更以此賞主人，乃留坐盡歡而去。」徽、獻兄弟，同一箇傲，而主人卑倨不同。續世説云：「袁粲爲中書令，領丹陽，……郡南一家，頗有竹石，粲率而步往，不通主人，直造竹所，嘯詠自得。主人出，笑語款然。俄而車騎羽儀至，方知是袁尹也。」主客之間，因不應如是耶？雲林遺事云：「倪瓚構清閟閣、雲林堂，清閟閣尤勝，客非佳流不得入。嘗有人道經無錫，聞瓚名欲見之，以沉香百斤爲贄。紿曰：適往惠山；翼日再至，又曰出探梅花。其人以傾慕不得一見，徘徊其家。瓚密令人開雲林堂使登焉。其人方驚顧間，謂其家人曰：聞有清閟閣，能一觀否？家人曰：此閣非人所易入，且吾主已去，不可得也。其人望閣再拜而去。」是又客恭而主傲矣。履園叢話云：「嘉定有張丈山者，以貿遷爲業，産不逾中人，而雅好園圃。鄰家有小園，欲借以宴客，主人不許。張恚甚，乃重價買城南隙地，築爲園，費至鉅萬金，署曰平蕪館。知縣吳盤齋爲作記。遂大開園門，聽人來遊，日以千計。張謂人曰：吾治此園，將與邦人共之，不若鄰家某之小量也。」以爭意氣而築園，實屬創聞，與人共之，應爲常例。邵雍詠洛下園詩有云：「洛下園池不閉門，……遍入何嘗問主人？」賀知章詩：「主人不相識，偶坐爲林泉。」李龍眠值休沐期，每載酒出城，與同志二三人，訪名園蔭林爲樂。李笠翁自謂遨遊一生，遍覽名園。惟錢泳兩至杭州皋園，均爲門者所拒，則亦有遇有不遇也。清末俞樾，凡江左園林，多其遊踪，間題詠作記。金壺七墨云：「吾瞰園亭之所在，而日往遊焉，又擇其最勝者而憩焉，誰謂斯園之不我屬乎？有園者局於一園，而吾乃百十其園。」范仲淹曰：「西都士大夫園林相望，爲主人者，莫得常遊，而誰得障吾遊者？豈必有諸己而後爲樂耶？」

園林之制，每有欲變幻莫測，競奇鬬巧者。南齊文惠太子經營園囿，慮上宮望其樓觀，乃造遊牆以機巧開合，障蔽遷徙，須臾立辦（見南齊書）。馬可勃羅遊記亦載，元世祖上都御園，有竹殿可以折合自如。或謂此殿本開封宋宮舊物。天中記：宋理宗折卸拆疊之亭，專視山水佳處，隨地移置。元末常熟曹氏有園，嘗召倪瓚往看荷花，瓚登樓，僅見空庭而已。既飯別館，復登樓，則俯瞰方池，已荷花怒放，鴛鴦遊水。倪大驚。斯蓋主人預蓄盆荷數百，庭深四尺，通以小渠，花滿決水灌之，復入珍禽野草，有若天然。類此機心立異，早失園林旨趣矣。

東軒筆録：「慶曆中，西師未解，晏元獻公殊爲樞密使。會大雪。歐陽文忠公與陸學士經同往候之，遂置酒於西園。歐陽公卽席賦晏太尉西園賀雪歌，其斷章曰，主人與國共休戚，不唯喜悅將豐登，須憐鐵甲冷徹骨，四十餘萬屯邊兵！晏深不平之。嘗語人曰：昔日韓愈亦能作言語，每赴裴度會，但云：園林窮勝事，鐘鼓樂清時，却不會如此作鬧。」晏殊以宋西垂之糜爛，比唐獻宗之中興，其粉飾太平，諱言民瘼甚矣。無憂國憂民之思，豈宜享臺榭泉石之樂？且在朝如此，在野何獨不然？唐薛能詠宋氏林亭云：「地濕莎青雨後天，桃花紅近竹林邊，行人本是農桑客，記得春深欲種田。」齊景公欲比先王遊觀之樂，晏子以省耕省斂對。謝疊山云：「遊園圃而思畎畝，覽花草而記農桑。」斯真得治國愛民之旨矣。三輔黃圖載漢苑有百子池，爲高祖與戚夫人遊宴之所。夫帝王歌大風而思猛士，圍棋擊筑，不事耕織，吾輩豈不能引古人嘲劉季句云：「雕房亦是閒丘壟，他日誰知與仲多」耶？

曹植有西園公宴詩，顧愷之作清夜遊西園圖，開後世志園林雅集之端，文酒丹青，每傳爲林泉佳話。園林無題詠者絶少，獨揚州何園、常熟燕園，不見隻字，遊者頓覺有所失。蓋題詠非特喚起逸興，抑亦點綴亭榭之要素。李笠翁所謂「大書於木，懸之中堂……匾取其橫，聯妙在直」是也。笠翁自創聯匾，有蕉葉、此君、碑文、手卷、册頁、虛白、石光、秋葉八式。皆宜天然，無穿鑿痕。燕園既不見匾聯，何園亦以久駐軍隊，取匾聯爲薪矣！

近人李印泉嘗稱蘇州三絶，爲文衡山手植籐、汪氏義莊（即環秀山莊）假山及瑞雲峯。籐在拙政園進口處（图220），汪義莊假山（图124、125）爲戈裕良所疊，瑞雲峯（图102）在織造府。

江南名峯，瑞雲之外，尚有縐雲峯及玉玲瓏（图128、103）。李笠翁云：「言山石之美者，俱在透、漏、瘦三字。」此三峯者，可各佔一字。瑞雲峯此通於彼，彼通於此，若有道路可行，「透」也。玉玲瓏四面有眼，「漏」也。縐雪峯孤峙無倚，「瘦」也。米海嶽（元章）論石，亦曰：「瘦、縐、漏、透」，一「縐」字而縐雲之風骨盡矣。東坡又曰：「石文而醜」，一「醜」字而石之千態萬狀畢矣。瑞雲峯俗稱小謝姑，高三丈餘，朱勔所致。勔敗，棄置荒野。明初陳氏得之，運自太湖，座忽沉没，僅存其峯。旋爲烏程董氏所購。閶門下塘徐氏，富堪敵國，與董聯姻，董以此石贈嫁。載至湖中，舟覆，全力挽之，座隨石而起。徐置之半邊街東園中；乾隆四十四年，移於織造府西行宮内（見同治蘇州府志及停雲吟草），即今振華女校址，石立池中。玉玲瓏江南有數峯，其兩峯傳爲朱勔所遺。一在杭州，本包氏靈隱山莊舊物，沈氏以百夫之力，致之庾園，後歸龔氏，又歸姚氏（見浪跡叢談及履園叢話）。」又其一卽今日所習稱之玉玲瓏，置於上海豫園香雪堂前者，上刻「玉華」二字。王世貞謂其秀潤透漏，天趣宛然，爲隋、唐時物。今石雖無恙，但曾一度爲蓆棚竹籬所掩。縐雲在今石門福嚴禪寺，本明末吴六奇贈查佩璜者。道光間，爲蔡氏所得，置之禪寺，兵燹之後，巍然獨存（見庸間齋筆記）。石高七尺餘，下築石臺，孤立園中，荒煙蔓草，寺則重葺一新矣。

附：隨園考[註]

［註］本文原載建築師叢刊第三期（一九八〇年五月）。文中之袁起繪隨園圖、鴻雪因緣圖記中的隨園圖以及隨園總平面布置圖均已移入本書的版畫及平面圖內。

圖一　袁枚像
（引自隨園瑣記版畫）

清末顧雲於同治八年（一八六九年）所著盋山志説，江寧隨園是「天下所稱名園者也」。隨園乃清初袁枚（圖一）所經營。袁枚著述甚多，如人所熟知的小倉山房全集、隨園詩話、隨園文選等。當時遠近無有不知隨園的。今天，隨園早已不存，但仍是相傳南京有名的歷史勝跡之一。

袁枚字子才，號簡齋，清康熙五十三年（一七一四年）生於杭州，嘉慶二年（一七九七年）歿於江寧，享年八十二歲。乾隆四年（一七三九年）成進士，曾任溧水、江浦、溧陽、江寧各地方知縣，是記載上稱爲「有政聲」的官吏。他在江寧縣任内，購得南京隋織造園，加以改建。在所著隨園記[①]中，説「金陵自北門橋西行二里，得小倉山……康熙時[②]，織造隋公，當山之北麓構堂皇，繚牆牖，……號曰隋園，因其姓也，後三十餘年，余宰江寧，園傾且頽，弛其室爲酒肆……問其值，曰三百金，購以月俸……隨其高爲置江樓，隨其下爲置溪亭，隨……，或扶而起之，或擠而止之，皆隨其豐雜繁瘠，就勢取景而莫之夭閼者，故仍名爲隨園，同其音，異其義。」隨園由乾隆十四年（一七四九年）開始經營。園居第四年，子才作隨園後記說：「伐惡草，剪虬枝，惟吾所爲，未嘗有制而掣肘者也，孰若余昔時之仰息崇轅，請命大胥者乎？」子才絕意仕進，聚書論文，就從此開始。

南京清涼山東脈名小倉山，分南北兩支，中間低窪，是今天廣州路，路中段即隨園故址。本來有起伏的小倉山，現已不見峯嶺，是因太平天國建都金陵時，爲增産軍糧，削平成梯田。隨園布局，因山谷高下分爲東西三條平行體系：主要建築全在北條山脊，南山只有亭閣兩座，中間一條是溪流，乃今廣州路面；南北高，中間低，形成兩山夾一水的格調。園門設東北隅，在今上海路廣州路口，街道牌仍名隨園（圖二）。園東南角靠近五臺山永慶寺[3]（圖三）。園北緊臨今東瓜寺合羣新村一帶，是隨園當時居室、書齋、臺、閣等建築羣所在（七十年代

圖二　南京市今上海路　廣州路口街道牌名

圖三　永慶寺廟門近貌

興建五臺旅社）。園西北角伸至今寧海路南口，是隨園小香雪海邊緣。西南角爲袁氏祖塋④。南山今稱百步坡，當年隨園有山半亭、天風閣（坡下於五十至七十年代建造五臺山體育建築羣）。廣州路是隨園最低處，乃昔日荷池、閘、堤、橋、亭原址。

隨園詩話曰：「隨園四面無牆，以山勢高低，難加磚石故也。每至春秋佳日，仕女如雲，主人亦聽其往來，全無遮攔，惟緑淨軒環房二十三間非相識不能遽到。」隨園主室小倉山房可以宴客。子才觀書、握管起坐之處，則在夏涼冬燠所，位於山房左側；其上有樓名緑曉閣，亦稱南樓，可遠望臺城（今鷄鳴寺）、孝陵風景。書倉藏三十萬卷。又有室名詩世界，藏當代名賢投贈詩稿，也是入園後觀覽勝境之始。

在隨園二十四詠中，子才就園中二十四景⑤分別係以七言古體詩。二十四景重點在南臺，居全園中心，臺上銀杏，老樹粗達十圍，依幹構架，稱「因樹爲屋」。其他樓閣有的結合地勢高低，因山坡盤旋上下，不需扶梯踏步。南山古柏六株，互盤成偃蓋，因之縛茅，呼爲柏亭。又有六松亭，也是利用松樹枝幹結成，隨園瑣記稱「其枝幹之披拂，儼然緑瓦之參差」。這一切都是善於利用自然條件，減少工料，增加天趣。小倉山房有七尺方鏡三塊，「樹石寫影，别有天地」，子才詩謂「望去空堂疑有路」，是擴大空間感的一種手段。軒、堂、廊、簃之裝折，多嵌藍、紫、白、緑或五色玻璃，以代窗紙。當時玻璃仍屬稀有，但已漸次推銷使用，在廣州、揚州各地，可看到玻璃窗⑥。

水源發自西山，向東流至隨園，聚爲荷池，然後流出園外，到北門橋，再東行繞秦淮出西水關赴江。子才在隨園五記中説：「余離西湖三十年，不能無首丘之思，每治園戲倣其意，爲堤爲井爲裏外湖爲花港爲六橋爲南峯北峯」。小香雪海居北山西段，種梅五百本，摹擬羅浮鄧尉。園中四時皆花，益以蟲鳥之音，雨雪之景，因之遊人不斷，最多達到一年有十餘萬人，以致户限爲穿，每年更易一、二次。從來私人園墅，或扃鑰爲常，或閉門不納，似子才之與人共之，是極少數開明園主的可取作風。隨園土木建築工程主要出自梓人龍武臺之手。龍死無家，葬於園側。

隨園本子才終年所寓，園宅兼具，生産菜蔬，又有水田，魚米足以自給，合田園廬墓爲一整體，總面積達百畝左右，是地主城市中一座莊園。歷史上有很多文人園，但少有如子才之得享大年，優遊林下，由於不屑仰承上官鼻息，看破宦場虛僞諂媚，毅然引退，詩酒賓客中，園居五十年，廣收女弟子多至三十餘人，破除封建束縛，開風氣之先，甘冒流俗非議，可謂爲一富有反抗精神的人物。他也常離家出遊。陳子莊庸閑齋筆記載海寧隅園（卽安瀾園）斷壁遺有子才題詩「百畝池方十畝花，擎天老樹綠槎枒，調羹梅亦如松古，想見三朝宰相家」。子才又訪如皋冒辟疆水繪園，「已荒草廢池，一無陳跡」。蘇州距金陵不遠，拙政園是當時蔣氏復園，子才爲蔣姻家，因而屢來遊息。蘇州逸園、水南園、漁隱園，也都有子才遊踪，並曾爲漁隱園作記。子才遊天臺時繞道松江，兩至張氏塔射園，足徵其遊興之高。

金陵公私園墅甚多；子才在世時，文酒嘉會無虛日。兩江督署西園（明初沐英宅園）有石舫，子才爲作不繫舟賦。布政使署瞻園（明初中山王徐達府園），每年花開，必往遊賞，並曾移植牡丹於隨園。清末樸學家俞曲園稱「子才以文人而享山林之福者數十年，古今罕有」。子才文名籍甚，著作等身，四方從風，來者踵接，甚至有先夢遊隨園，然後登門造訪⑦。

這幫文人既出自好奇，渴望結識名士，互相標榜，又企圖把吟稿選入子才所編詩話，附驥揚名。「夢遊」之説，或出僞托。隨園門外東行不遠，有紅土橋，江寧達官訪子才者，儀仗不過此橋，以示雅慕[8]，説明子才之名重當時，負有聲望。

金陵園墅始自元朝，到明、清兩代而臻極盛。子才七十以後，忽於文獻中發現，他認爲離所居不遠，曾有明朝焦潤生別業，也稱隨園，並意測其遺址當在小倉山左右。但胡祥翰一九二六年所著金陵勝跡志與陳詒紱一九三三年著金陵園墅志都指應在東冶亭附近，即今東水關。

隨園既名聞遠近，訪者也多有記載。隨園詩話批本作者伍舒坤説他在乾隆四十七年（一七八二年）初訪隨園，明年再訪，記園中生活情況，如因四周無牆而多賊盜，鳥獸夜號，干擾睡眠，遠離人家，買物不便。乾隆五十六年（一七九一年）三訪，嘉慶二十四年（一八一九年）四訪，時距子才歿後二十二年，園已淪爲茶肆。履園叢話著者錢泳乾隆五十六年（一七九一年）訪遊隨園，子才尚在人間。道光二年（一八二二年）再訪，子才已故，二十五年（一八四五年）三訪，園已荒圮。麟見亭於所著鴻雪因緣圖記説，道光三年（一八二三年）他遊隨園，見其「雖無奇偉之觀，自得曲折之妙，正與小倉山房詩文體格相倣」。隨園瑣記中有一條：「某年中秋，忽傳林則徐制府來遊，切囑不可驚動主人，只需清茶一甌」。黄鈞宰於金壺七墨中描述道光晚年隨園頽敗情狀。子才自命達觀，臨終語二子説「身後隨園得保三十年，于願已足。」咸豐三年（一八五三年）太平天國奠都金陵，夏官丞相曾居隨園。後來丞相遷出。當清軍圍攻天京時，隨園無人照管，日就傾圮，距子才歿後五十六年，即建園後一百零四年，殆非子才始料所及。

子才曾謂「大觀園余之隨園也」。紅樓夢著者曹霑（雪芹）先世三輩任江寧織造，宦居金陵。雍正六年（一七二八年）免官，還居北京，時雪芹年約五歲到十五歲，在隨園始營之前二十年左右，曹家寓京；再過二十多年，雪芹下世，四十餘年間，他只在乾隆二十四年秋（一七五九年）至二十五年重陽，這一年間到南京兩江總督府作江督尹繼善幕賓，子才是尹門生，當與雪芹相識，甚至可能邀他稱爲「雪芹公子」者赴隨園文酒之會，這時隨園正完成十年，當然，督署西園更是雪芹習見的了。其他時間，雪芹住在北京，這就使他既熟悉京師世家人情習慣，加上家人傳述和自身經歷，更兼曉南中風物與生活方式，而將南北方聯到一起。紅樓夢第二回述石頭城寧國府榮國府東西兩家相連，後邊一帶並有花園；第三回寫黛玉到京師，又述東面寧國府與西面榮國府的花園，而大觀園就是第十六回所說拆除榮府東邊下房並入寧府會芳園擴建成的，因此大觀園址只能在北京，證之書中所用東北、河北省一帶方言與室中火炕等，也應肯定北京是全書背景。但園中有些建築風格植物品種又只在江南方可見到，有些語言也參雜江南習用的，所以大觀園乃「天上人間諸景備」⑨，由著書人想象出來的意境。否則某些情節就令人費解，如：胡適認爲甄府始終在江南，賈府則在長安（京師）。但賈母有時又用南京土話⑩。評者指出紅樓夢全是夢境，其中矛盾疎漏，有欠斗笋熨貼，是故意製造太虛幻境，子虛烏有，將「真（甄）」事隱去，作「假（賈）」語村言。書中或由翻刻致誤，或因作者欠細，或經續者改纂，甚至存心罅漏避免礙語涉嫌或觸犯忌諱，引讀者誤入迷途，以假當真，把大觀園聯係到當代實物，如富明義題⑪紅樓夢詩小引說，「曹子雪芹出所撰紅樓夢一部，備記風月繁華之勝，蓋其先人爲江寧織府，其所謂大觀園者，卽今隨園故址」。子才在八十壽言詩選中收明義祝子才壽詩十首，第七首起句是「隨園舊址卽紅樓」。這和子才自稱「大觀園余之隨園」異口同聲混兩園爲一家，時間地點都不考慮；事實是，大觀園與隨園只有間接聯係，那就是，隋家把曹家的小倉山花園接收後，再歸子才，然後由雪芹寫紅樓夢時，把在北京所見貴族私園與南京作幕賓時隨園印象在大觀園中再現，並夸大增華，隨園是真，大觀園是假。讀者不察，出於好奇，甚至迷入考古，誤爲捕風捉影之談，這在文苑中並非孤例。

子才族孫袁起，工於繪事，是畫家錢杜（叔美）門徒，本有隨園圖景畫稿，於同治四年（一八六五年）重摹（見本書版畫十四），距園毀已十二年，與他所寫隨園圖記對證，頗爲吻合，徵之子才隨園二十四詠所述，在圖中可尋見三分之二。鴻雪因緣圖記（清道光二十七年卽一八四七年刊）中隨園訪勝（見本書版畫十二）一幅是著者麟見亭幕客汪英福一八二三年所繪，與袁起所作都由南北望，兩圖繁簡不同，但基本真實，有藝術價值。清末柴萼所著梵天廬叢録載：隨園圖有四種，最初由沈補蘿作圖，又有羅兩峰及他人所作三圖，然後袁香亭（子才堂弟）繪坐北南望圖，柴門在下角，亦極「逼真」。以上各圖皆不存，最後袁起所作圖「雖毫釐不差，而失之嫩滯」。若按山水畫標準評園圖風格，毫釐不差者雖難入品，但正因如此，反可以窺見隨園當時真面。本文所附隨園總平面布置圖（見本書圖版貳拾伍），就是根據袁起所繪園景製成。袁起圖附跋語，是子才嫡孫袁祖志所書。祖志字翔甫，曾任上海申報主筆，著有隨園瑣記上下兩卷，光緒五年（一八七九年），木刻再版；書中述有關袁起同治四年繪園圖一段，圖由當時上海五岳堂銅版刻印。圖跋語云：「……迨咸豐癸丑（咸豐三年即一八五三年）……園亦被毁，溯距先大父以嘉慶丁巳年棄養，閱時幾一甲子……從兄竹畦，曾寫園圖，頗不失廬山真面，玆將原稿付之手民（即刻銅），既借以留當年之陳跡，且足爲異日工師之粉本，夫豈僅卧遊已耶？丙戌（光緒十二年即一八八六年）暮春祖志識於海上。」袁起隨園圖印本藏南京博物院，一九五八年承該院攝制照片惠贈。文稿經與郭湖生同志商討，作些修改。隨園總平面布置圖（見本書圖版貳拾伍）由晏隆余同志描繪。

註釋

①隨園文選刻袁枚文百餘篇，中有隨園記（乾隆十四年即一七四九年），隨園後記（一七五三年），隨園三記（一七五七年），隨園四記（一七六六年），隨園五記（一七六八年），隨園六記（一七七〇年）共六篇，歷述以官易園，經營改作，度材構思有棄有讓，藏修息遊，築毀如意，以至臺成樹拱，松梅墓道，隨地心安，作之居之，永矢入山勿諼之志。

②「康熙時」誤。曹家最後一任織造曹頫於雍正六年（一七二八年）免官，隋赫德繼任織造。

③永慶寺在今峨眉嶺，梁天監中永慶公主建，又名白塔寺。塔與大殿南樓毀於咸豐年間，光緒二十年（一八九五年）寺又重建。

④袁氏塋地現存墳墓九座，中有子才墓，附近樹「清故袁隨園先生墓道」石坊。

⑤隨園二十四景：倉山雲舍，書倉，金石藏，小眠齋，緑曉閣，柳谷，羣玉山頭，竹請客，因樹爲屋，雙湖，柏亭，奇礓石，迴波閘，澄碧泉，小棲霞，南臺，水精域，渡鶴橋，泛航，香界，盤之中，嵰山紅雪，蔚藍天，涼室。

⑥乾隆十六年（一七五一年），高宗南巡，有詠玻璃窗詩。揚州畫舫録述黃氏澄碧堂云，「西洋人好碧（碧，琉璃番音，譯爲玻璃），廣州十三行有碧堂……是堂效其制」。乾隆四十九年（一七八四年）子才曾到廣州，有詠十三行詩。揚州九峯園、水明樓也裝玻璃窗，紅樓夢第十七回說大觀園中有玻璃鏡，都是乾隆年間情況。

⑦隨園詩話載：岳瀞，鮑之鐘，嚴小秋，都在未到隨園之前夢中曾遊。

⑧並見金陵園墅志與隨園瑣記。

⑨見紅樓夢第十八回詠大觀園絶句。

⑩紅樓夢第三回：「賈母笑道，你不認得他，他是我們這裏有名的一個潑辣貨，南京所謂辣子」。

⑪見吳恩裕一九五九年著有關曹雪芹八種。明義是滿族，他所居環溪別墅爲樂善園舊址，辛亥革命後稱三貝子花園，即今北京動物園。八種說紅樓夢屬稿於乾隆十三、四年間（一七四八到一七四九年），時雪芹住北京城內，南京隨園經營方始。

再版跋

我國古典園林淵源久長，格局精雅，流風所及，蜚聲中外。兩千年來，名園疊出，雖屢經興衰，然其意境布置，猶能一脈相通，綿延不替。故歷代園池之文獻實物，至今尚有若干遺存，誠我中華國萃與世界文化之幸事。惟昔日興建園林，擘畫者雖竭盡心力，然能以文字圖樣留諸後世，則甚鮮有。待至人亡園廢，時過境遷，雖欲再窮其源，已難覓入門途徑，徒使有心人作望洋之嘆。故我國古代園墅苑囿雖多，其探研之作，竟稀如鳳毛麟角，令如此大好藝術湮没寡聞，識者莫不爲之嗟惜。

父摯童師博覽多聞，涉獵今古，治學謹嚴，孜孜不倦。工作餘暇，即致力於中國古典園林之研究。多年不辭苦辛，遍遊大江南北名園，踏勘實測，繪圖攝影，累積至豐。各地園池資料迄今得以部分保全傳播，有賴師之力焉。又廣閲圖書方志，參佐旁證，引溯源流，並採納羣意，精心辟析，蓋一唱而三嘆之矣。故此書實爲童師與諸前輩共倡我國園林研究之先聲，其經過已具見先父序文，而承上啟下，繼往開來之功，厥然難泯。

江南園林志刊行後，以立意翻新，圖文並茂，深得國内外識者好評。惟初印無多，需十不一購，慕者比比向隅。以各方提議再版殷切，師遂重啟舊篋，整理原書圖稿，補充修訂。然以古稀之年，不便遠遊，凡至外地補行調查測繪及攝影等，乃延我所晏隆余君代勞，而全局之增删調理，則皆躬身執筆爲之也。

余幸得自幼侍師幾四十年，道德學問，咸蒙身教，誨訓指引，受益良多。今師雖鶴壽高齡，猶朝夕手不釋卷，潛心於學術之研討數十年如一日，足爲吾人楷模，每念及此，銘感至深，謹爲跋以自勉。

受業　劉敍傑記於南京工學院建築研究所

一九八一年元月

圖版

版畫一
蘇州 滄浪亭
（摄自滄浪亭現存清光緒九年——1883石刻）

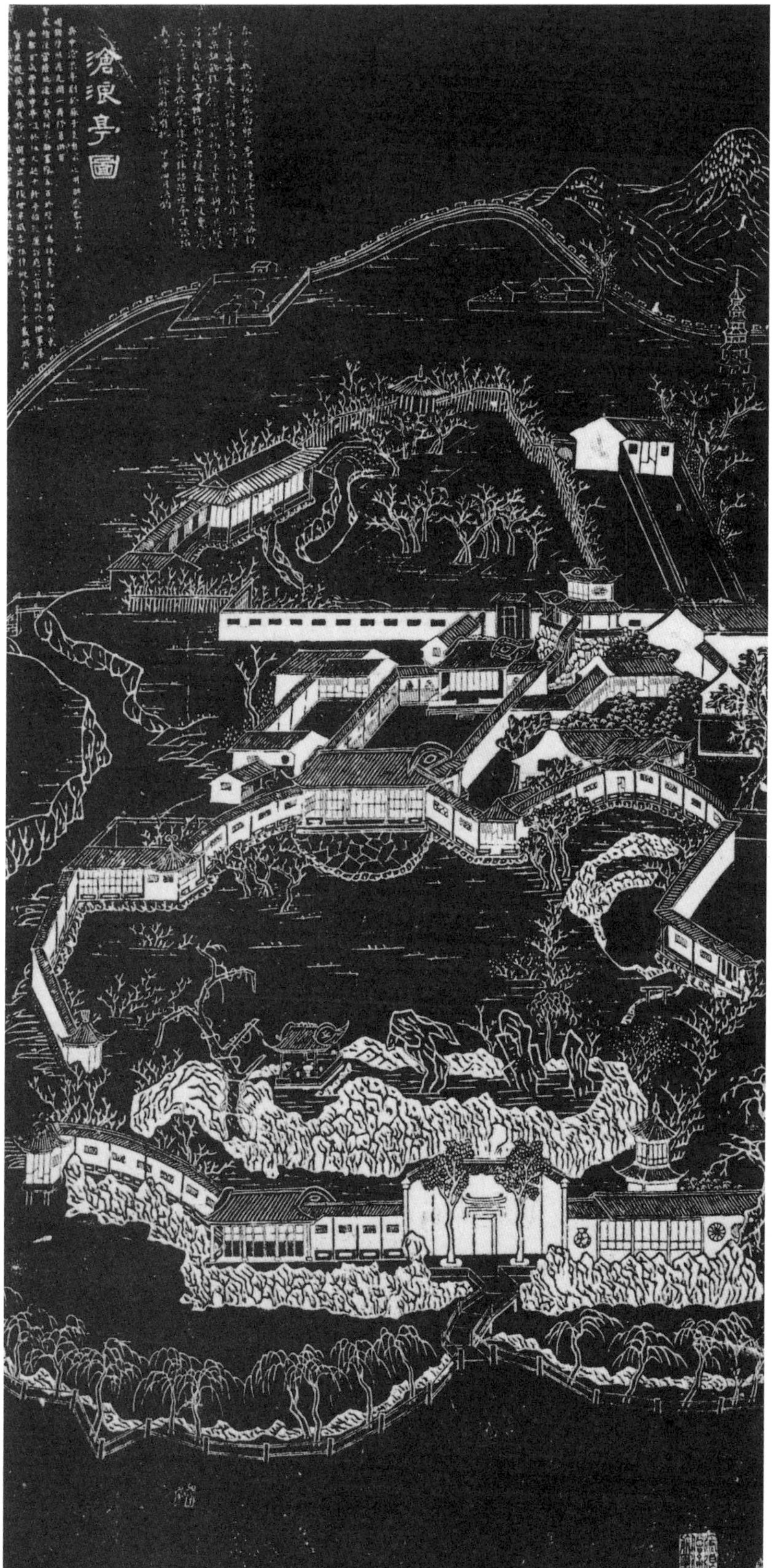

版畫二

輞川　華子岡

（王維輞川二十景圖卷，有宋郭忠恕臨本。此版畫五段，由華子岡到竹裏館乃明萬曆四十五年——1617郭士元所臨）

版
畫

版畫三

輞川　輞口莊

人杏館

版畫四

輞川｜北垞

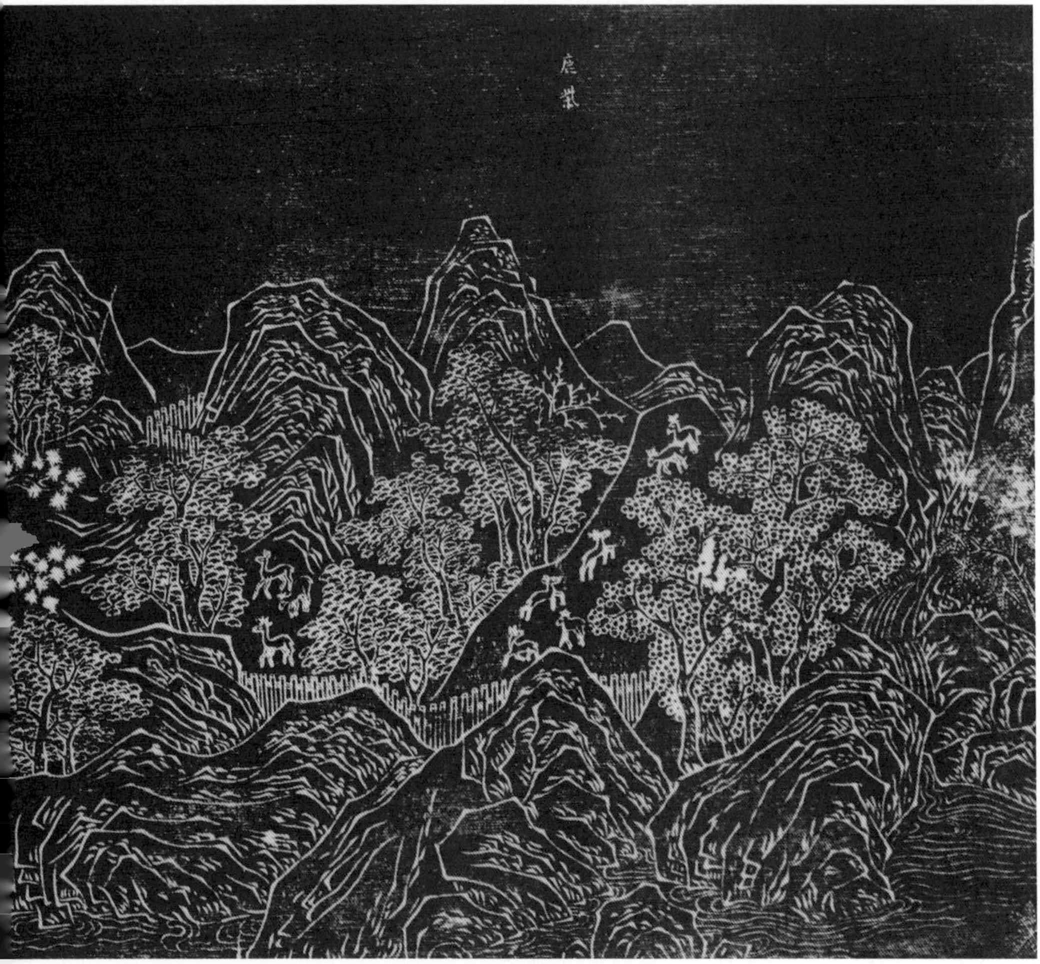

北垞

版畫五

輞川　南垞　竹裏館

版
畫

版畫六
蘇州 滄浪亭
（滄浪小志，清康熙三十五年——1696编）

版畫七

蘇州　滄浪亭

（清乾隆三十六年——1771 刊南巡盛典）

版畫八

蘇州　獅子林

（清乾隆三十六年——1771 刊南巡盛典）

版畫九
無錫　寄暢園
（清乾隆三十六年——1771刊南巡盛典）

版畫十
無錫　寄暢園
（清道光二十七年——1847刊鴻雪因緣圖記）

版畫十一
南京 隨園
（清道光二十七年——1847刊鴻雪因緣圖記）

版畫十二
太湖石
（明萬曆四十一年——1613刊素園石譜）

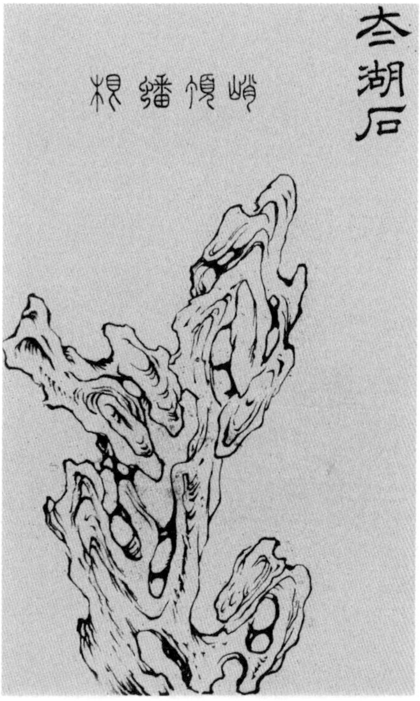

版畫十三
英石（縐雲峯）
參看插圖128（清嘉慶十九年——1814刊縐雲石圖記）

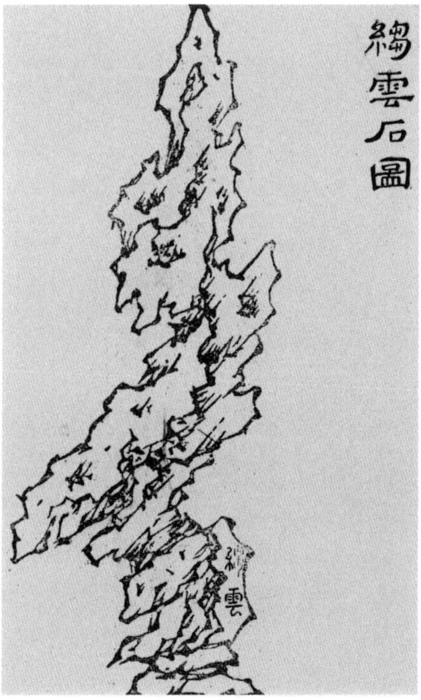

版畫十四
袁起繪　隨園圖
（清同治四年——1865）

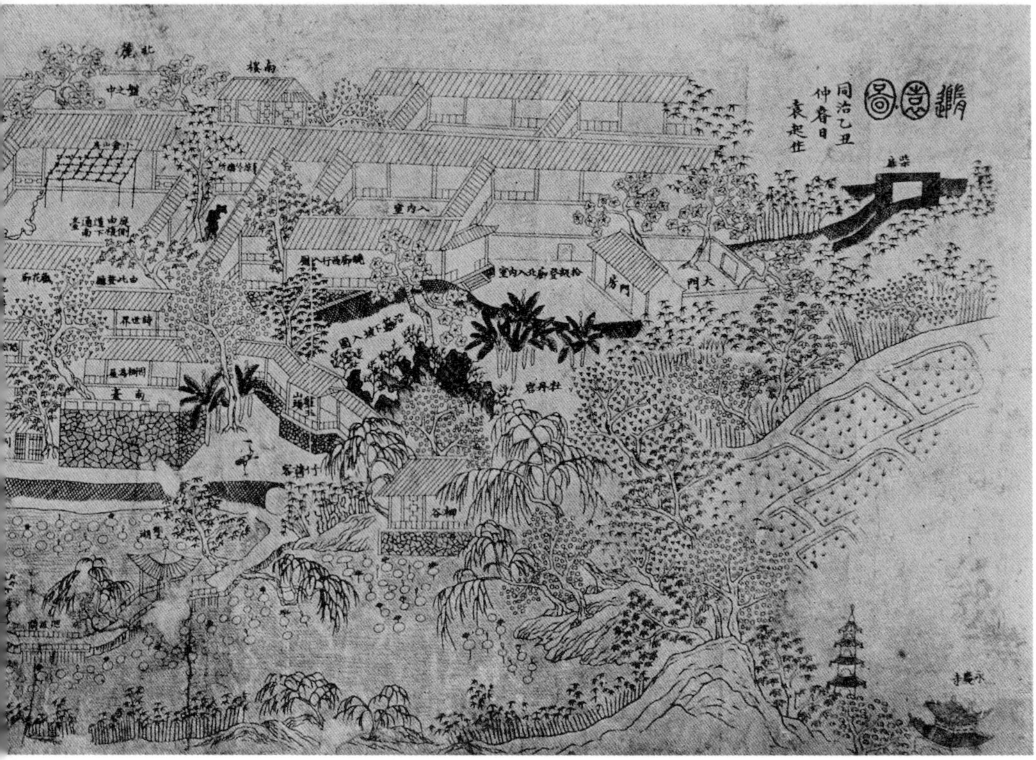

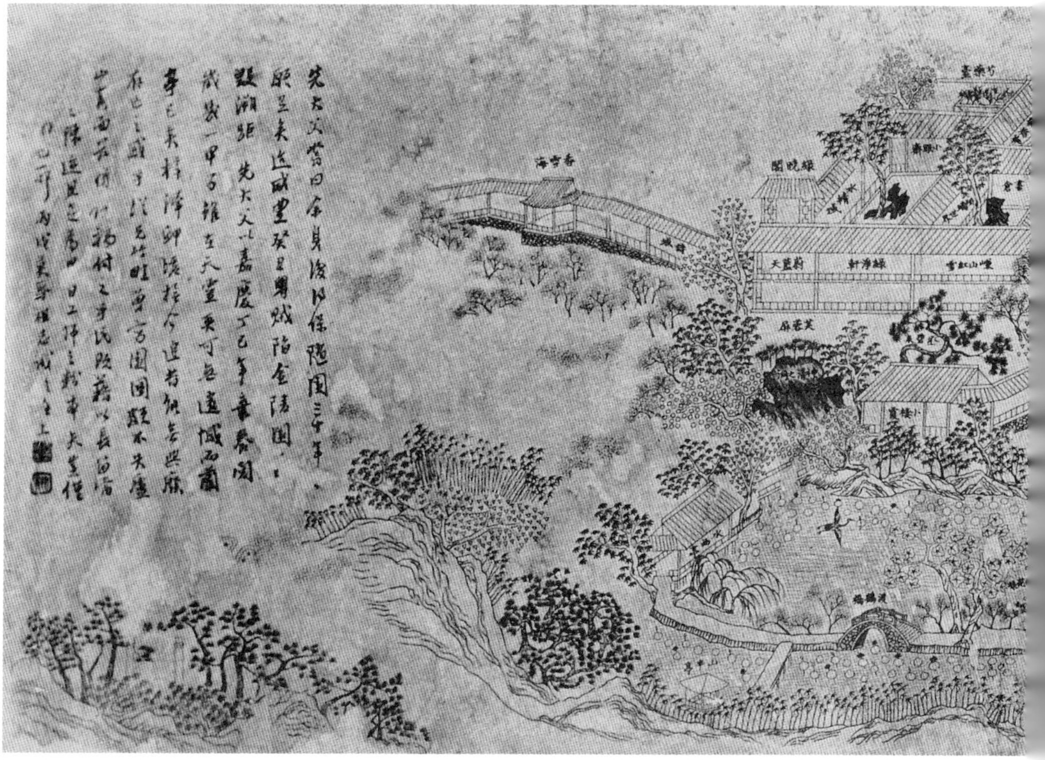

版畫十五
嘉興 煙雨樓
（清乾隆三十六年——1771刊南巡盛典）

版畫十六
海寧 安瀾園
（清乾隆三十六年——1771刊南巡盛典）

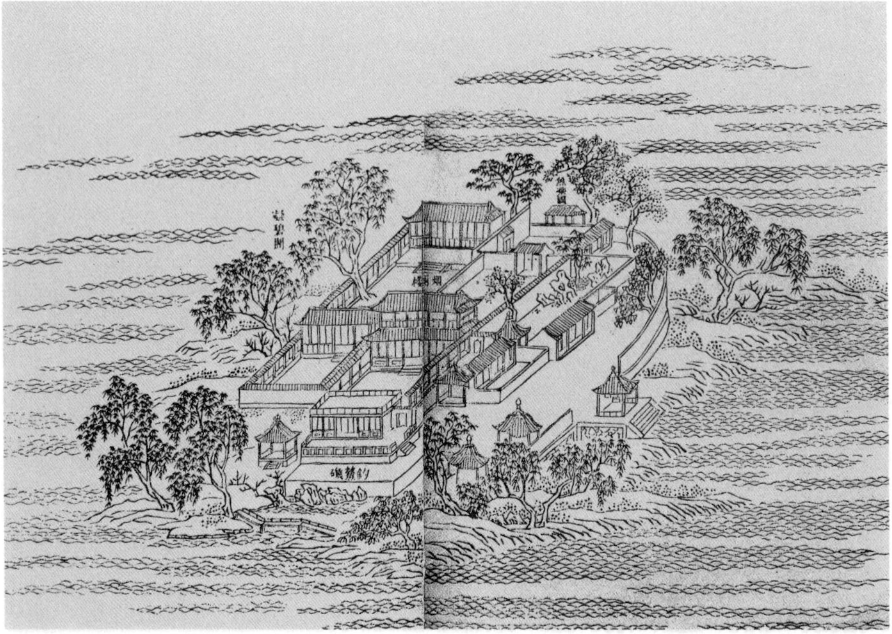

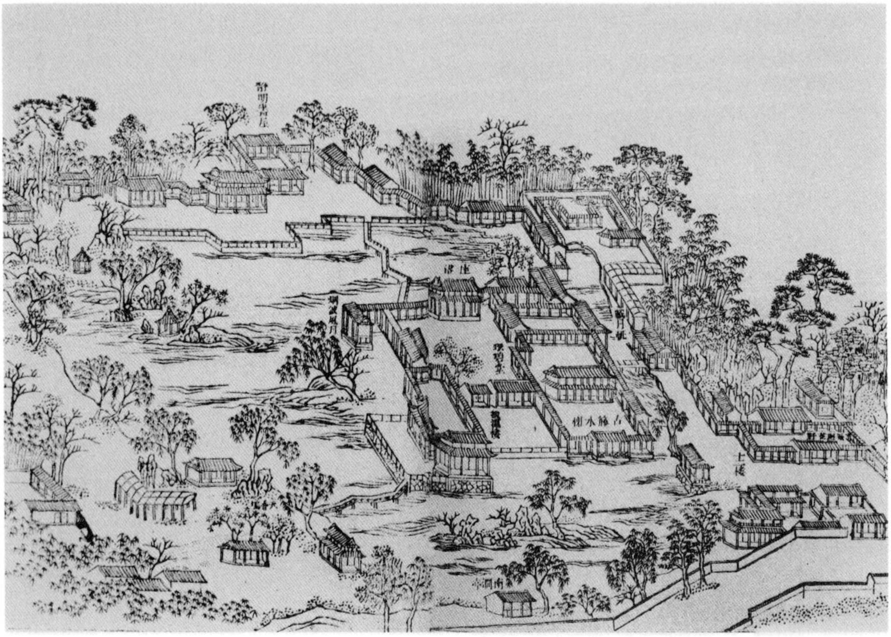

版畫十七
上海 内園
（清光緒三十一年——1905刊繪圖遊歷上海雜記）

版畫十八
上海 豫園
（清光緒三十一年——1905刊繪圖遊歷上海雜記）

版畫十九
上海 豫園 湖心亭
（清光緒三十一年——1905刊繪圖遊歷上海雜記）

版畫二十
上海 豫園及邑廟

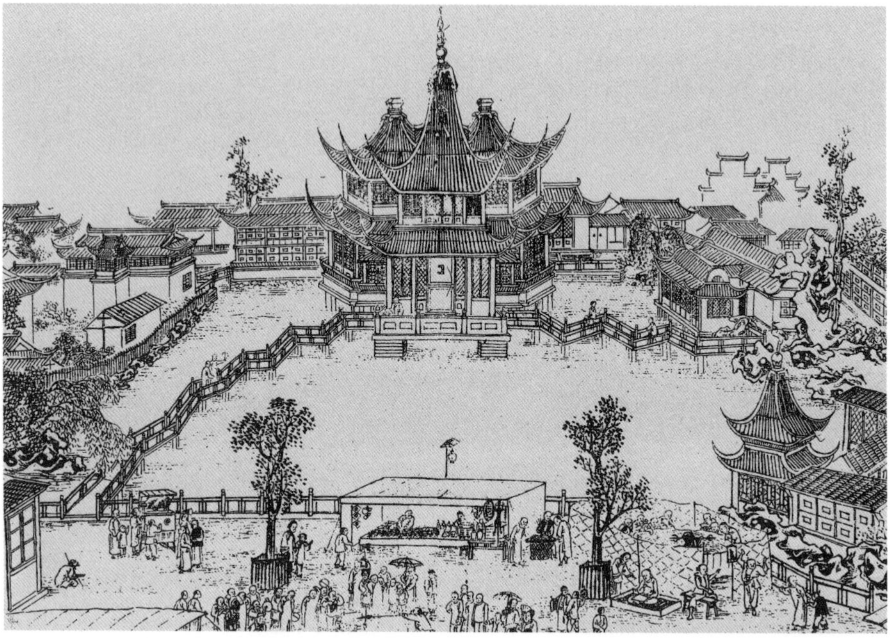

版畫二十一

揚州 高詠樓

（清乾隆三十年——1765刊平山堂圖志）

清初園亭以揚州爲極盛。高詠樓本爲李志勳園，在揚州城北蜀岡。平山堂圖志云：「園門南向，隱太湖石側。入門迤北爲春來堂。……東折過小橋，北登曠如亭，又北過橋爲流香艇。再由長廊以北，矗然特起，是爲高詠樓。……樓前爲石臺，隔岸與石壁流淙對，蜀岡松翠峙其東北隅，據一園之勝焉。樓左爲含青室，室後爲初日軒。」……園今已不存，圖中可見江南園林之梗概也。

版畫二十二
北京　弓絃胡同　半畝園
（清道光二十七年——1847刊鴻雪因緣圖記）

版畫二十三

上海　也是園

（摹自清同治十年——1871 刊上海縣志）

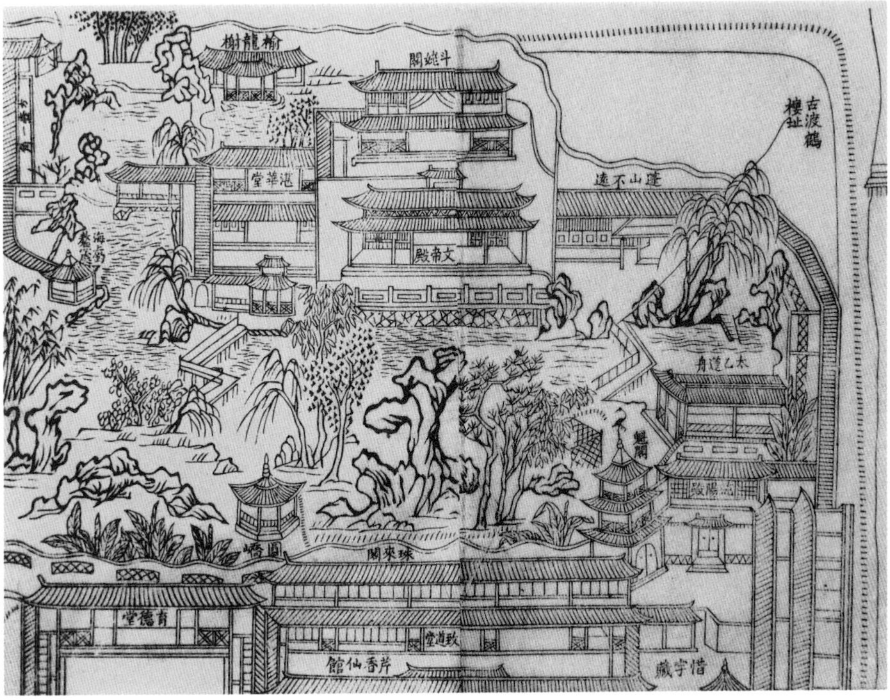

版畫二十四

上海 也是園

（清光緒三十一年——1905刊繪圖遊歷上海雜記）

版畫二十五
如皋　汪氏緑淨園　藥闌
（緑淨園四景目　清道光二十年——1840刊）

版畫二十六
如皋　汪氏文園　課子讀書堂
（文園十景目　清道光二十年——1840刊）

版畫二十七
揚州 棣園
（清初陳漢瞻築園，道光二十五年——1845歸包長訓，葺而新之，名棣園，邀山僧幾谷繪園景，由李嘯北刻石。此爲速寫臨本）

版畫

版畫二十八
南京 愚園
（清光緒二十年——1894刊白下愚園集）

國畫一

倪瓚繪蘇州獅子林圖

（明洪武六年——1373）

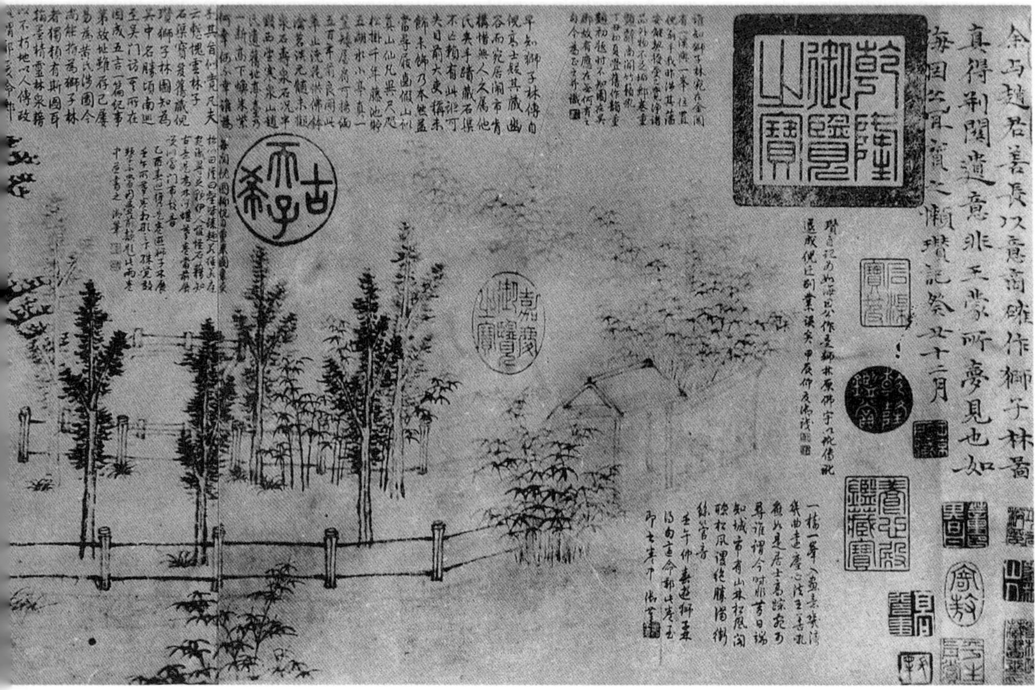

國畫二

戴熙畫拙政園圖

（清道光十六年——1836）

國畫三

如皋 水繪園舊址圖

沈復（1763—1825）繪

（上海博物館攝贈）

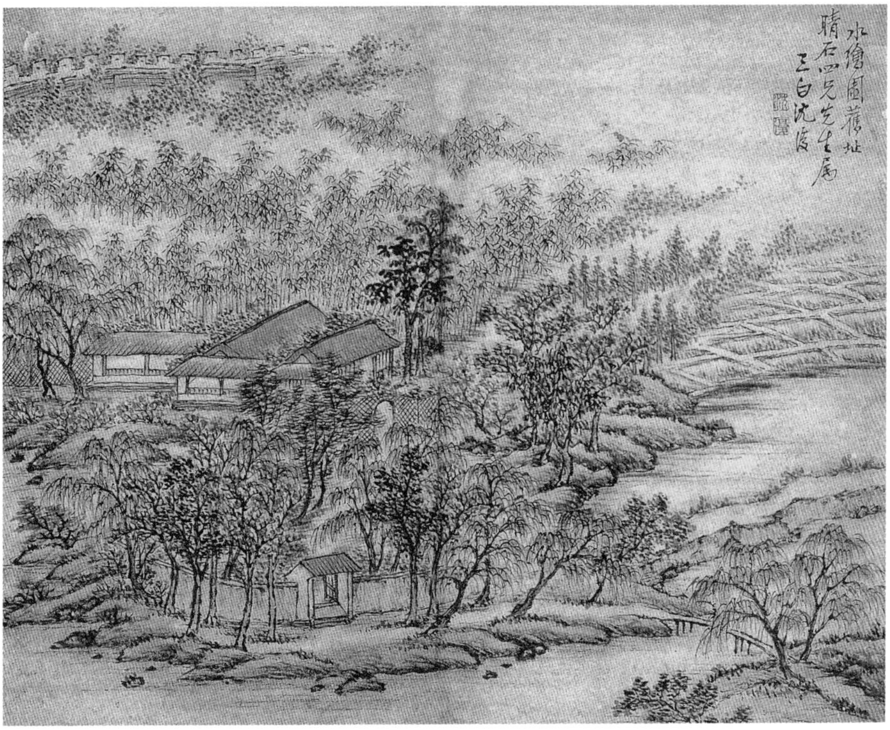

國畫四
常熟 燕園 緑轉廊
（錢叔美燕園圖，約繪於清道光年間——1821～1850）

國畫六
蘇州 拙政園 清方士庶（1692—1751）繪

國畫五

袁江繪　瞻園圖

（袁江字文濤，江都人，清雍正間山水畫家。原畫藏天津博物館。陳從周教授提供攝製品）

圖1 太倉 亦園

圖2 蘇州 拙政園

圖3 太倉 亦園

圖4 蘇州 留園

圖5 蘇州 網師園

圖6 吴縣 木瀆 羡園

圖7 南京 煦園(不繫舟)

圖8 上海 豫園

圖9
上海　豫園

圖10
上海　學圃園（一柱亭）
（陳艾先建築師攝贈）
圖11
南京　煦園
（套方亭，亦稱鴛鴦亭）

圖12 上海 學圃園

圖13 南京 煦園

圖14 蘇州 補園（扇形亭）

圖15 南京 煦園

圖16 南京 煦園

圖17 南京 瞻園

圖18 上海 九果園
圖19 嘉興 煙雨樓

圖20 蘇州 拙政園

圖21 嘉興 杉青閘 太白亭

圖22 上海 內園

圖23 吴縣 木瀆 羡園

圖24　常熟　虛霩居

圖25　上海　九果園

圖26 上海 也是園

圖27 蘇州 獅子林

圖30 蘇州 環秀山莊

圖31 南翔 猗園

圖28 蘇州 環秀山莊

圖29
揚州 棣園（湖南會館）

圖32

上海 內園

圖33 南潯 宜園

圖34 南潯 宜園

圖35 蘇州 惠蔭園

圖36 蘇州 拙政園

圖37
蘇州—西園

圖38 上海 豫園

圖39 揚州 小金山

圖40 蘇州 滄浪亭

圖41 上海 豫園

圖42 南翔 猗園（梅亭）

圖43 蘇州 獅子林

圖44 常熟 翁府前

圖45 杭州 文瀾閣

圖46
上海 内園

圖47 常熟 燕園

圖48 蘇州 惠蔭園

圖50 揚州 何園

圖53 嘉興 煙雨樓

圖49 南翔 猗園

圖 51
保定 古蓮花池
（南京工學院校友平霞芬
1962 年攝贈）

圖52 杭州 紅櫟山莊

圖54 蘇州 瞿園

圖55 常熟 燕園

圖56 杭州 三潭印月(三角亭)

圖57 南翔 猗園

圖58 上海 豫園

圖59 上海 豫園

圖60 蘇州 環秀山莊

圖61 嘉興 煙雨樓

圖62　太倉　半園

圖63　太倉　半園

圖64

崑山　半繭園

（小有堂，寒翠石）

圖65

蘇州　藝圃

（乳魚亭）

圖66 太倉 亦園

圖67 南潯 小蓮莊

圖68 嘉興 落帆亭
圖69 常熟 虛霩居

圖70 蘇州 網師園

圖71 揚州 何園

圖72
常熟 翁府前

圖73
南潯 適園

圖74
蘇州 網師園

圖75
杭州 汾陽別墅

圖76
杭州　汾陽別墅

圖77
蘇州　滄浪亭

圖78
吴縣 木瀆 羡園

圖79
太倉 半園

圖80
杭州 皋園
圖81
杭州 金溪別業

圖82 蘇州 靖園

圖83 上海 半淞園

圖84 無錫 寄暢園

圖85 揚州 個園

圖86 無錫 寄暢園

圖87 松江 醉白池

圖88 蘇州 可園

圖89 揚州 何園

圖90
常熟 虛霩居
圖91
揚州 何園

圖92 常熟 虛霩居

圖93 常熟 九曲園

圖94 蘇州 拙政園

圖95 蘇州 拙政園（香洲）

圖96 蘇州 西園

圖97 南翔 猗園（不繫舟）

圖98　常熟　燕園（戈裕良所疊假山）

圖99　嘉定　雪園

圖100
蘇州 環秀山莊
圖101
常熟 虛霩居

圖102
蘇州 織造府 瑞雲峯
（整石高5.12米，寬3.25米，厚1.30米）

圖103
上海　豫園　玉玲瓏

玉玲瓏不知何時從何地運入浦東三林塘，原屬正德進士太僕寺少卿儲昱。其女嫁與允端弟允亮。昱無子，亮移石入園，王世貞豫園記稱石「秀潤透漏，天趣宛然，爲隋、唐遺物。」

圖104
崑山　半繭園　寒翠石
（張鏞森教授攝贈）

圖105
崑山　文廟　玉玲瓏
（張鏞森教授攝贈）

圖106
蘇州　留園　冠雲峯

圖107
蘇州　留園　瑞雲峯

圖108 蘇州 留園 岫雲峯

圖109 南京 瞻園 遺石

圖110
南京 愚園
圖111
嘉興 落帆亭

圖112　上海　豫園

圖113　南京　愚園

圖114 蘇州 獅子林

圖115 蘇州 獅子林

圖116 蘇州 留園

圖117 上海 內園

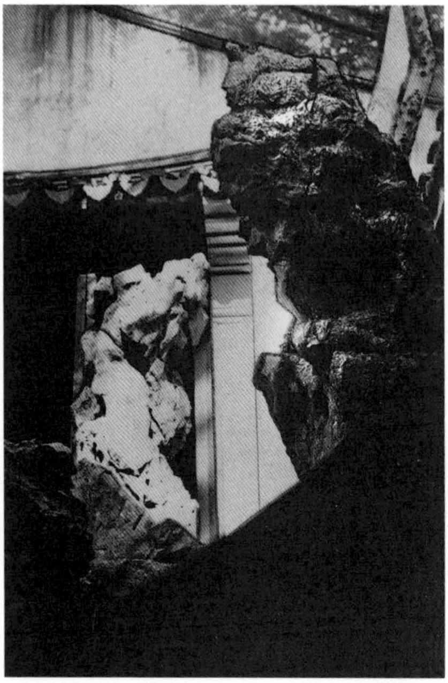

圖118 吳江 共怡園
圖119 太倉 南園
圖120 蘇州 獅子林
圖121 太倉 南園

圖122 常熟 燕園

圖123 太倉 南園

圖124 蘇州 環秀山莊（戈裕良所疊假山）

圖125 蘇州 環秀山莊（戈裕良所疊假山）

圖126

上海 豫園

圖127

常熟 燕園

圖128

石門 縐雲峯

圖129

揚州 九峯園 遺石

圖130
南京 瞻園

圖131
蘇州 獅子林

圖132
上海 豫園

圖133 揚州 個園

圖134 蘇州 獅子林

圖135 青浦 曲水園

圖136 南京 頤園

（楊廷寶建築師攝贈）

圖137 嘉興 杉青閘
圖138 南潯 宜園

圖139
嘉興 杉青閘
圖140
南翔 猗園

圖141 上海 内園

圖142 杭州 汾陽別墅

圖143 南潯 宜園

圖144 南潯 適園

圖145 無錫 寄暢園

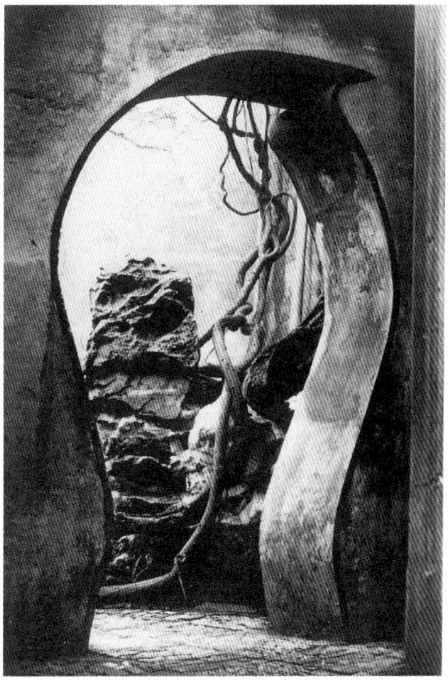

圖146 上海 豫園

圖147 吴江 諧賞園

圖148 上海 黄氏園

圖149 常熟 虛霩居

圖150 上海 內園

圖151 上海 豫園

圖152 蘇州 留園

圖153 青浦 曲水園

圖154 南翔 猗園

圖155 常熟 翁府前

圖156 杭州 西泠印社

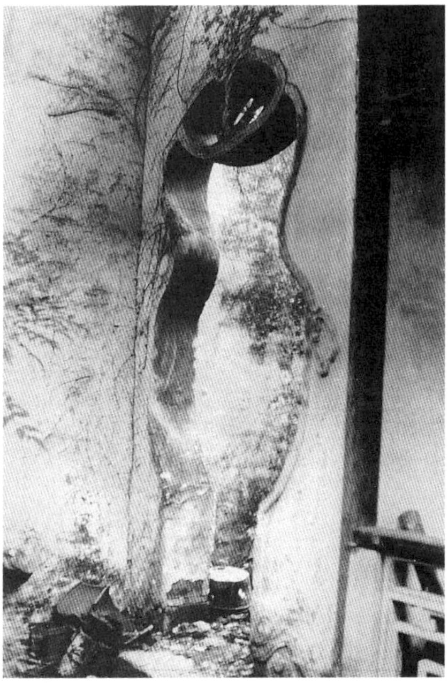

圖157

上海　也是園

图158
上海 豫園

圖159
南京 瞻園

圖160
南翔 猗園

圖161
揚州 何園
圖162
蘇州 環秀山莊

圖163 蘇州 拙政園

圖164 南潯 適園

圖165
蘇州 網師園
圖166
嘉興 曝書亭

圖167
蘇州 獅子林

圖168
蘇州 網師園

圖169
南翔 顧氏園

圖170
上海　內園
圖171
南潯　宜園

圖172
太倉 亦園

圖173 蘇州 留園

圖174 蘇州 留園

圖175 南翔 猗園

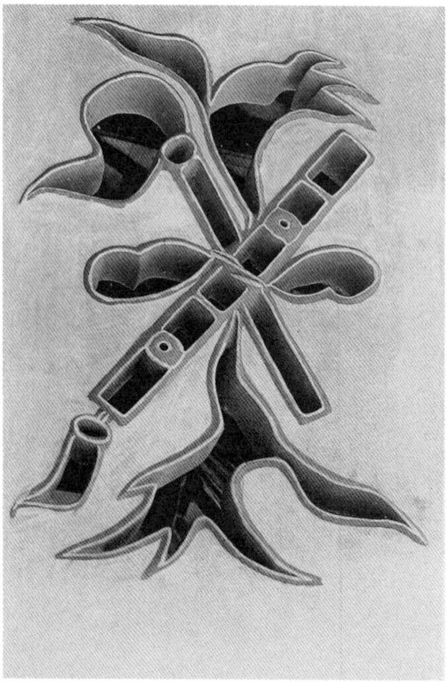

圖176 南翔 猗園

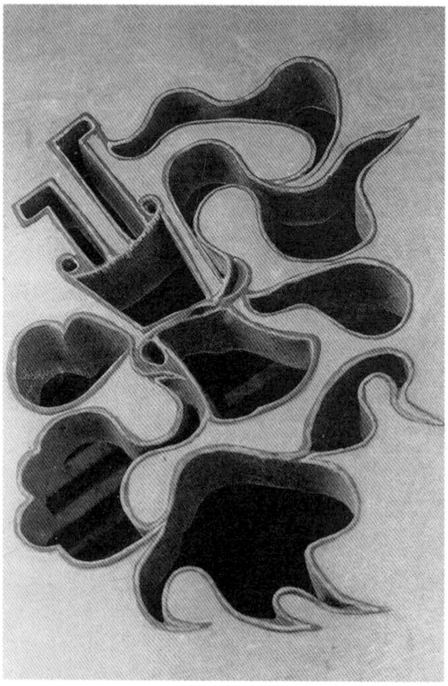

圖177 南潯 宜園

圖178 上海 内園

圖179 嘉興 寄園
圖180 南翔 猗園

圖181 蘇州 獅子林

圖182 南翔 猗園

圖183
蘇州　環秀山莊

圖184
南京　愚園

圖185
蘇州 怡園

圖187
蘇州 獅子林

圖186 蘇州 滄浪亭

圖188 蘇州 滄浪亭

圖189 揚州 徐園

圖190 杭州 漪園

圖191 儀徵 文廟

圖192 南翔 猗園

插圖

圖193 南翔 猗園

圖194 南翔 猗園

圖195 蘇州 西園

圖196
太倉　半園
圖197
嘉定　秋霞圃
圖198
嘉興　杉青閘

圖199 太倉 南園

圖200 常熟 澄碧山莊

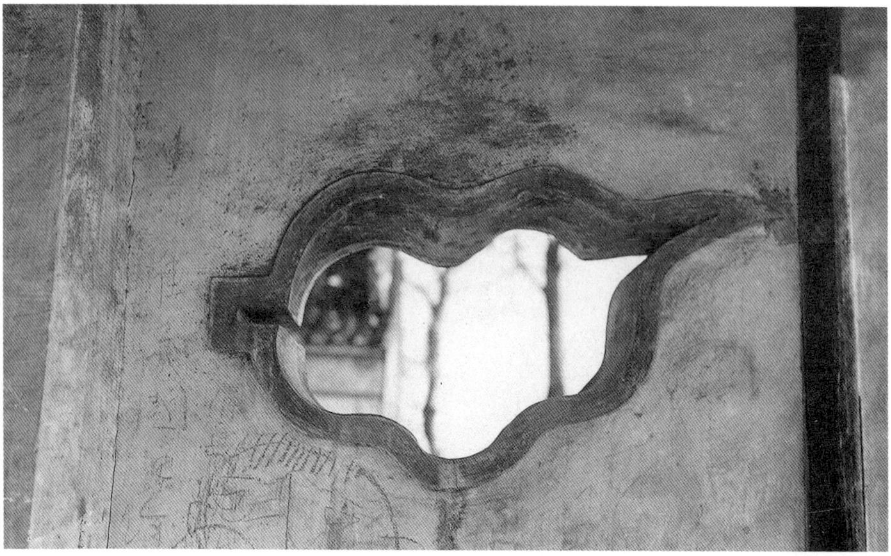

圖201 蘇州 西園

圖202 南翔 猗園

圖203 南翔 猗園

圖204 南翔 猗園

圖205 蘇州 留園

圖206 蘇州 留園

圖207 太倉 亦園

圖208 上海 豫園

圖209

常熟 虛霩居

圖210

南潯 適園

圖211

上海 豫園

圖212

南潯 小蓮莊

圖213 嘉興 煙雨樓

圖214 硤石 沈氏園

圖215　南翔　猗園
圖216　蘇州　留園

圖217

蘇州 虎丘 冷香閣窗欞

圖218
南潯 劉園（小蓮莊）
静香詩堀

頂格乙

頂格甲

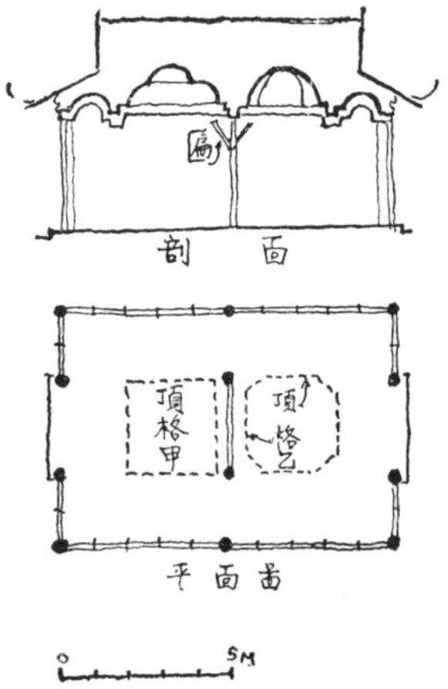

圖219 蘇州 拙政園

圖220 蘇州 拙政園（文徵明手植籐）

圖221 嘉興 煙雨樓
（明萬曆十年——1582年石刻）

圖222 蘇州 留園
（湖石桌凳）

圖223 上海 黄氏園

圖224 蘇州 怡園

圖225 上海 黄氏園

圖226 上海 黄氏園

圖227 上海 豫園（湖心亭茶几）

圖228 上海 黃氏園

圖229 杭州 皋園

圖230 蘇州 拙政園

圖231

蘇州 西園

大門前鋪地實測圖

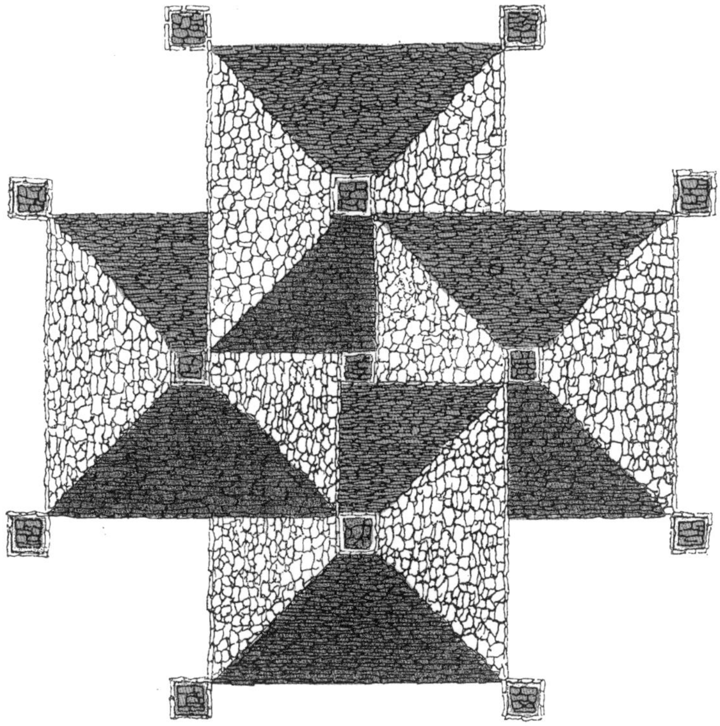

圖232 蘇州 西園 鋪地實測圖

圖233 上海 內園 鋪地實測圖

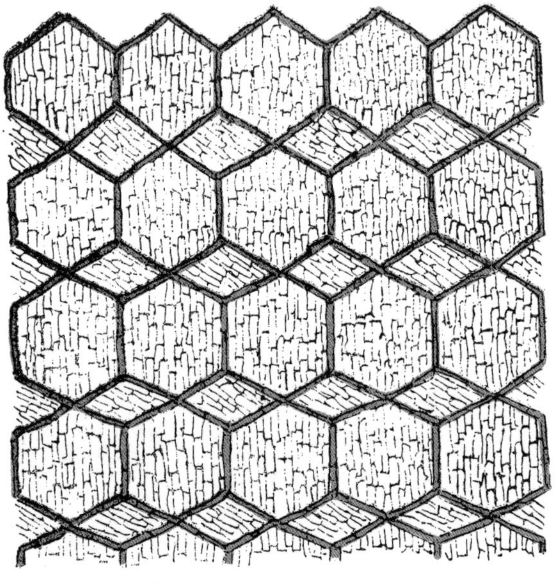

圖234 上海 內園 鋪地實測圖

圖235 蘇州 留園 鋪地實測圖

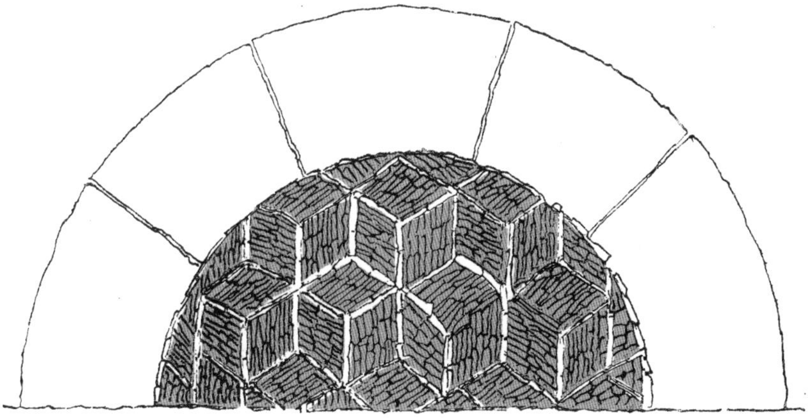

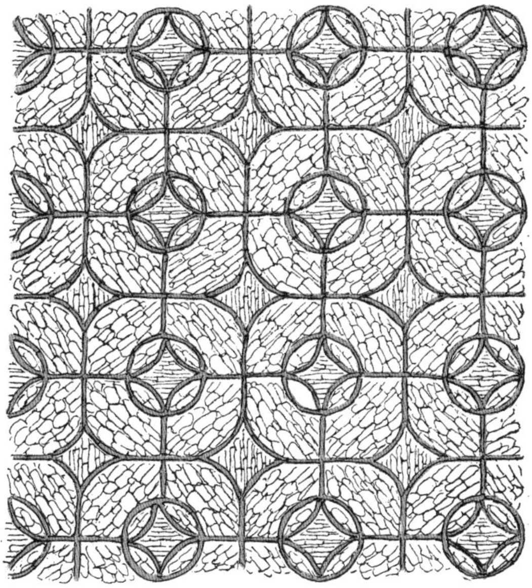

圖236 蘇州 留園 鋪地實測圖

圖237 蘇州 留園 鋪地實測圖

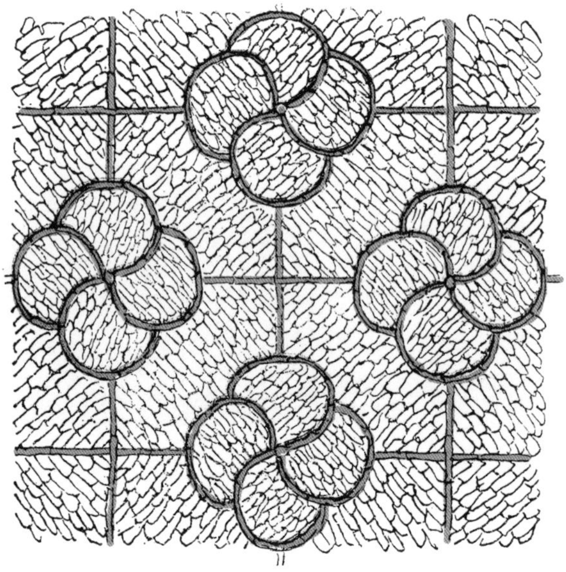

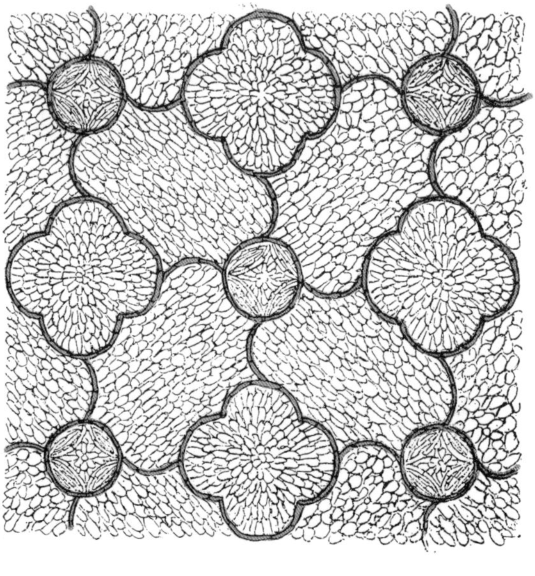

圖238 蘇州 西園 鋪地實測圖

圖239 上海 內園 鋪地實測圖

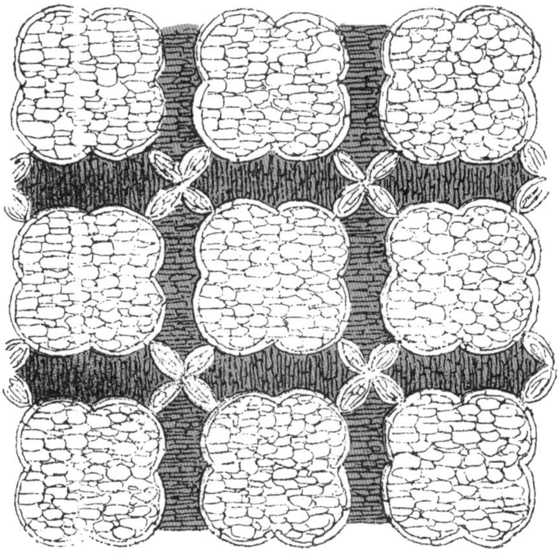

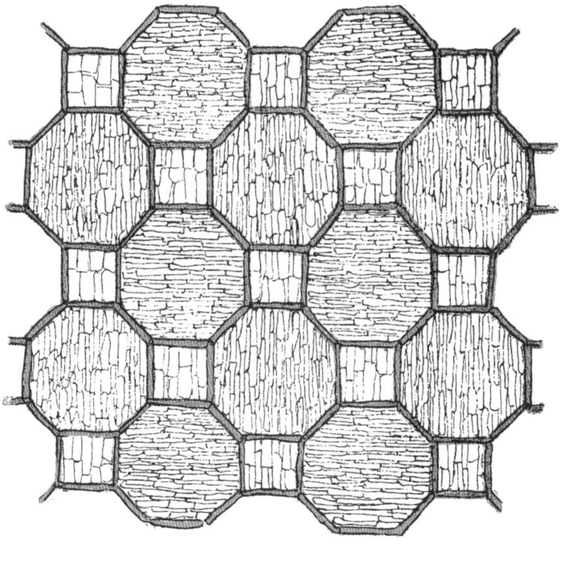

圖240 南潯 小蓮莊 鋪地實測圖

圖241 南潯 宜園 鋪地實測圖

圖242 太倉 亦園 鋪地實測圖

圖243 蘇州 留園 鋪地實測圖

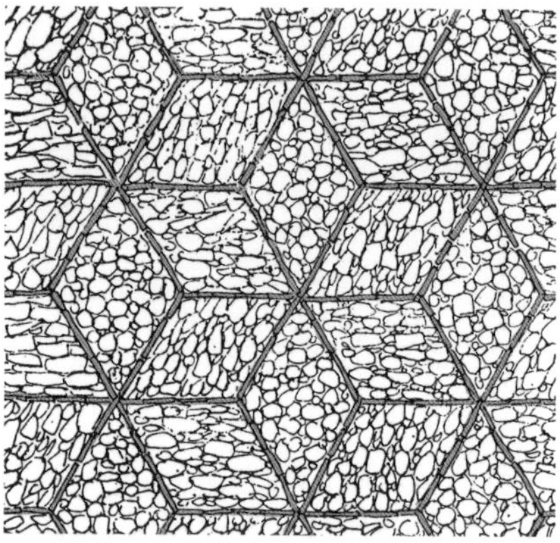

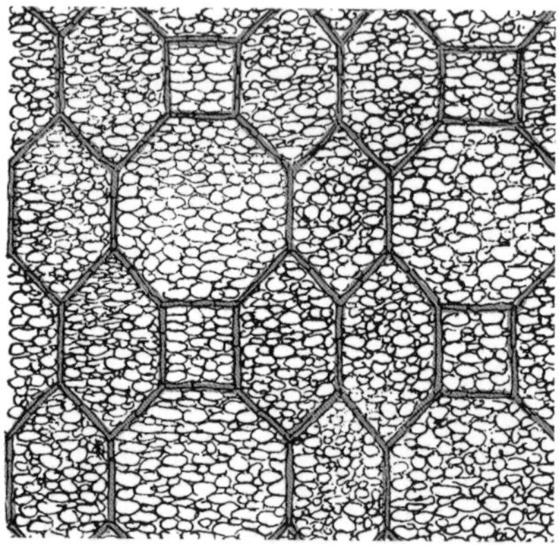

圖244 上海 內園 鋪地實測圖

圖245 蘇州 獅子林 鋪地實測圖

圖246 蘇州 靖園 鋪地實測圖

圖247 上海 也是園 鋪地實測圖

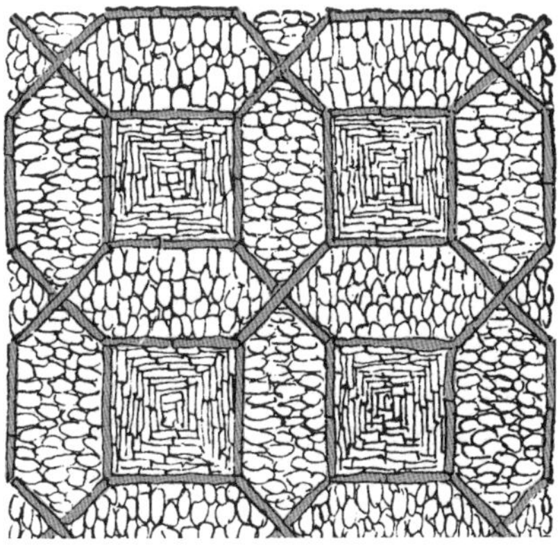

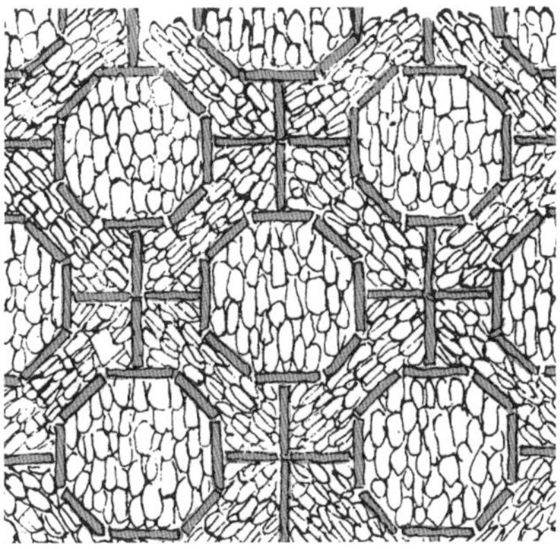

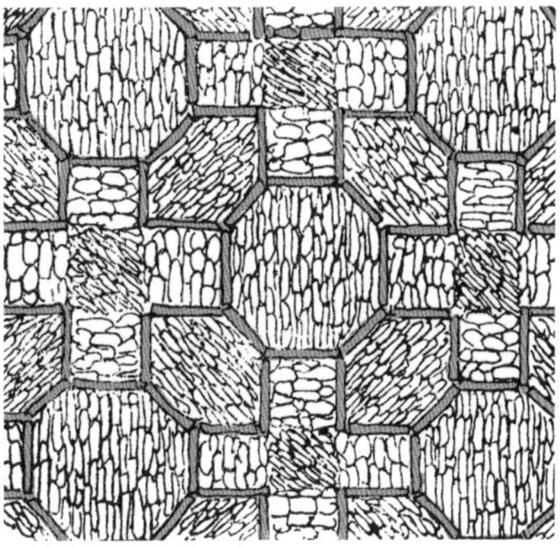

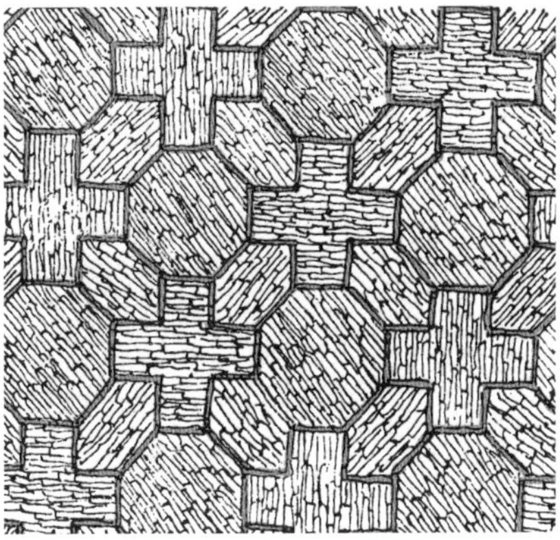

圖248 吴縣 木瀆 羨園 鋪地實測圖

圖249 吴縣 木瀆 羨園 鋪地實測圖

圖250 蘇州 留園 鋪地實測圖

圖251 蘇州 留園 鋪地實測圖

圖252 蘇州 獅子林 鋪地實測圖

圖253 蘇州 怡園 鋪地實測圖

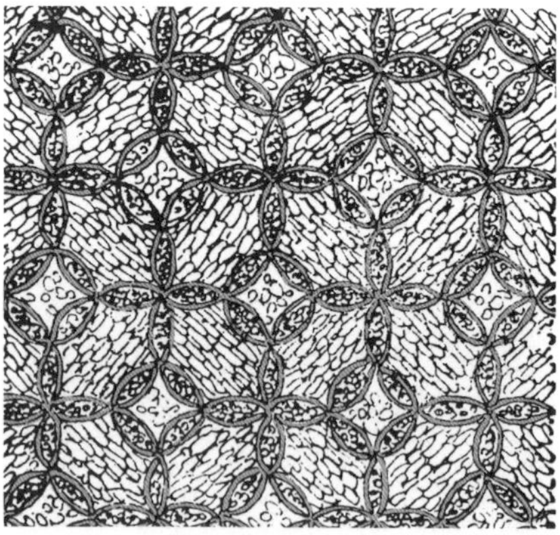

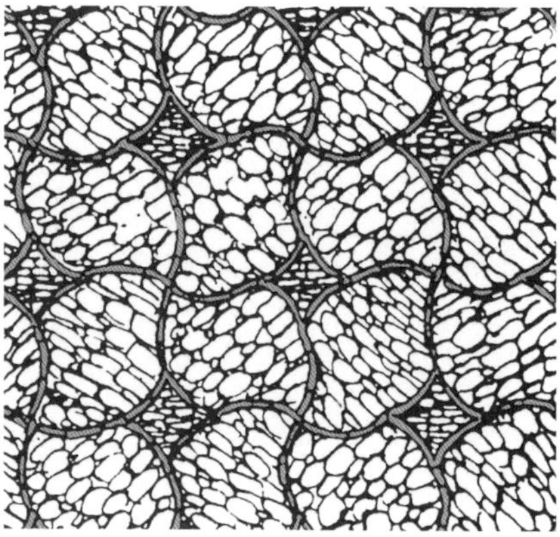

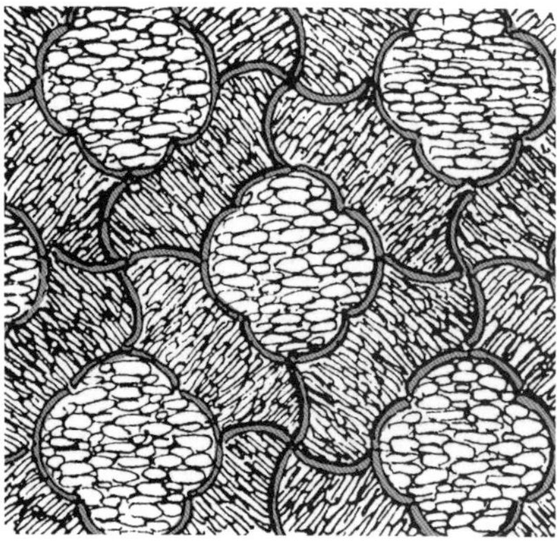

圖254
太倉 亦園

圖255
蘇州 網師園

圖256
太倉 半園

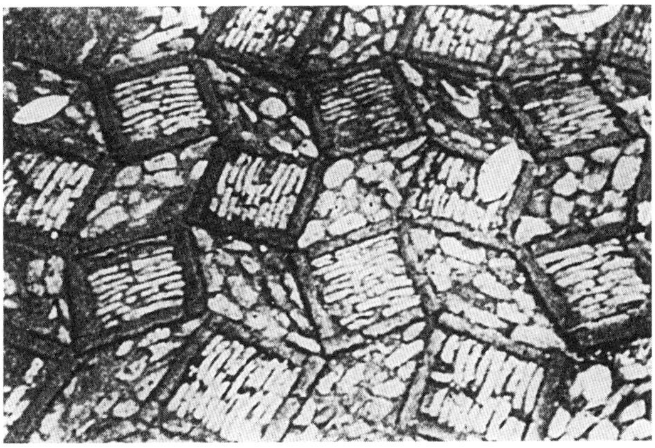

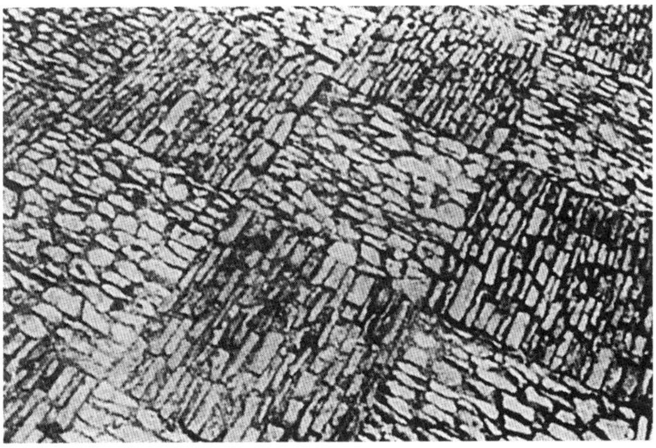

圖257 蘇州 留園

圖258 太倉 南園

圖259 蘇州 留園

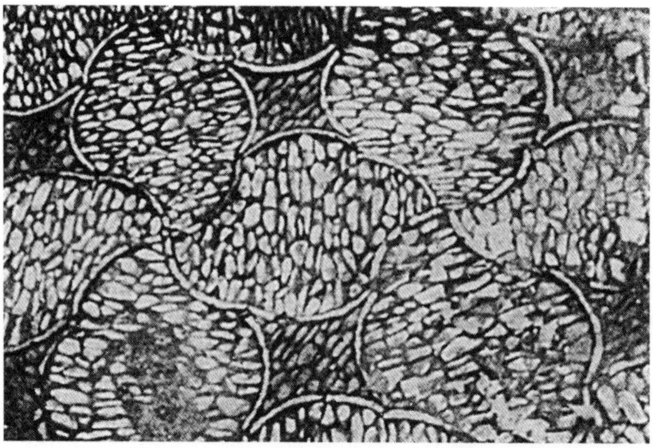

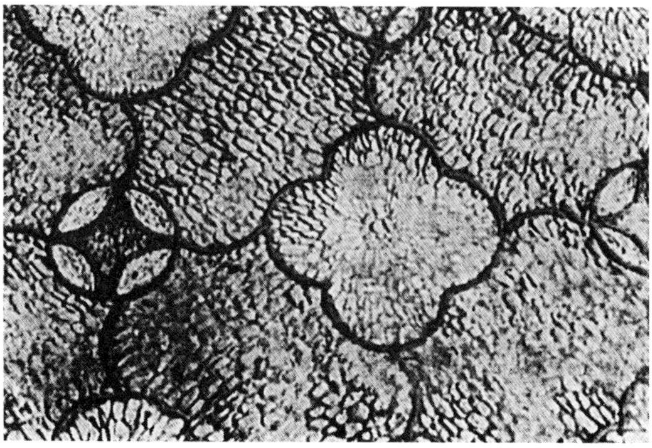

圖260
蘇州 留園
圖261
蘇州 西園
圖262
揚州 何園

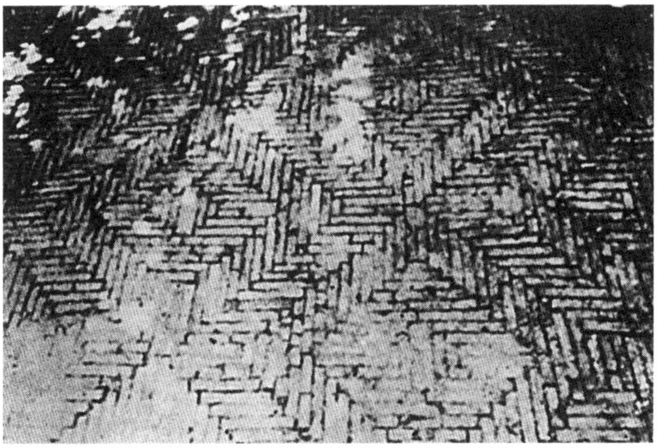

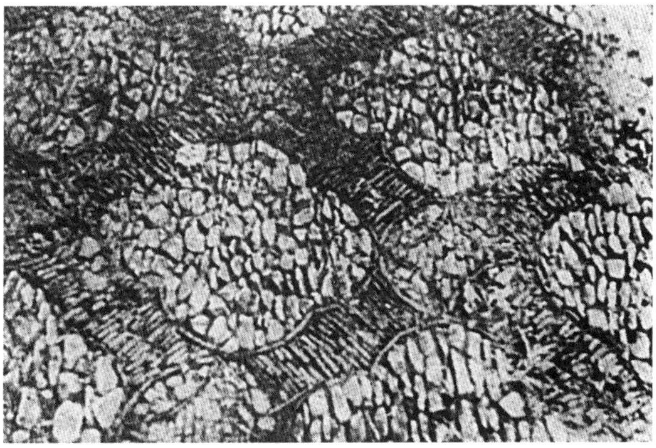

圖263
蘇州 怡園
圖264
蘇州 西園
圖265
蘇州 西園

圖266 南京 煦園
（卵石鋪地）

圖267 吳縣 木瀆 羨園

圖268 太倉 亦園

圖269 吳縣 木瀆 羨園

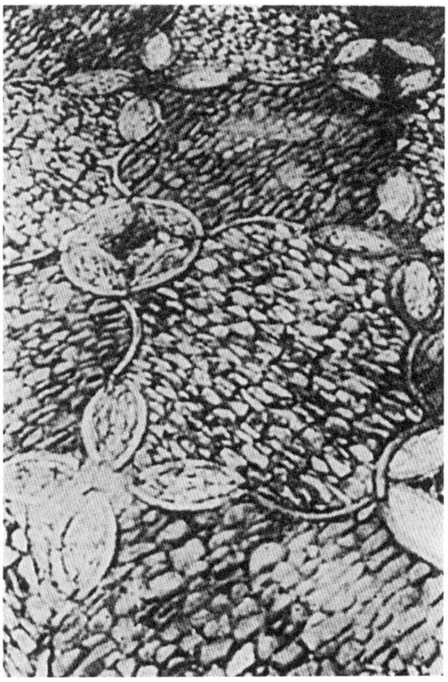

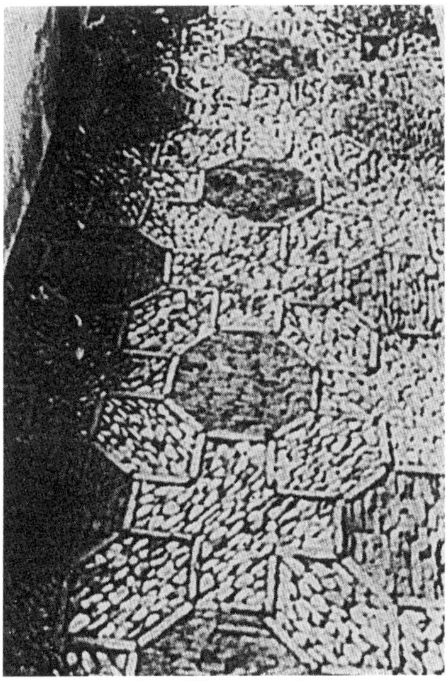

圖270 南京 頤園平面示意
（楊廷寶建築師繪贈）

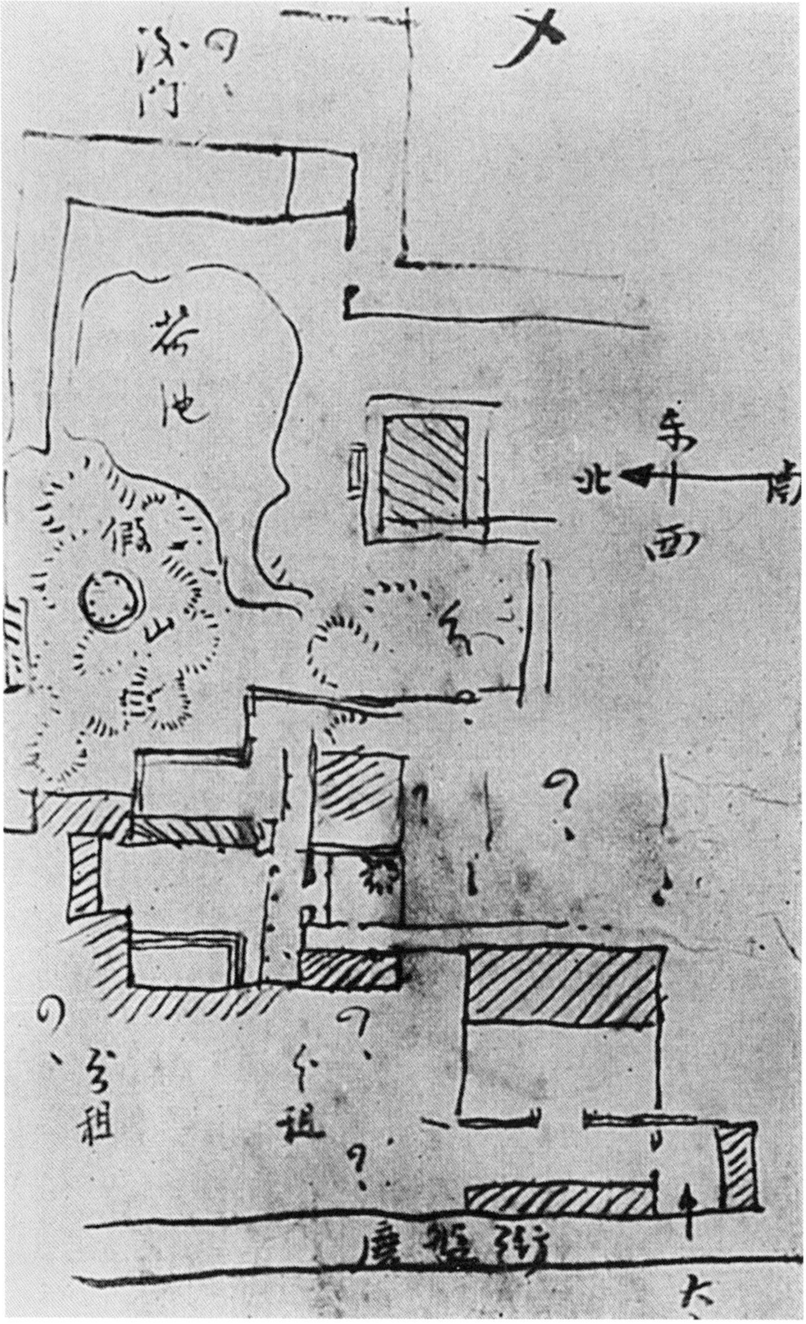

圖271 紹興 沈園平面示意（南京工學院沈國堯副教授1980年繪贈）

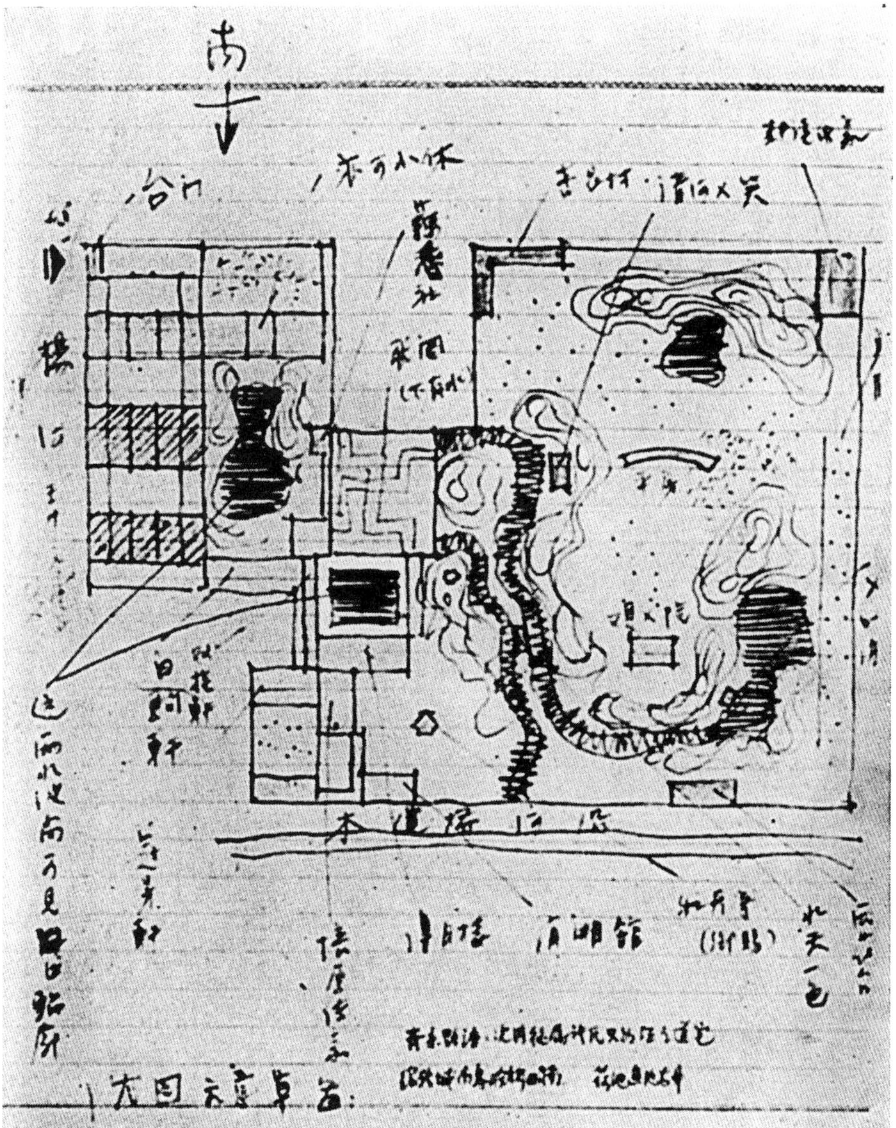

圖272 南潯 適園

圖273 南潯 劉園

圖274 杭州 皋園

圖275 杭州 汾陽別墅

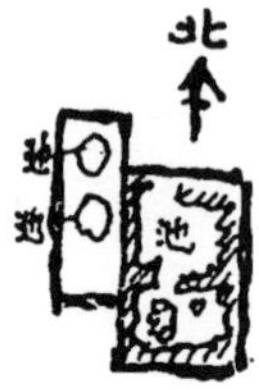

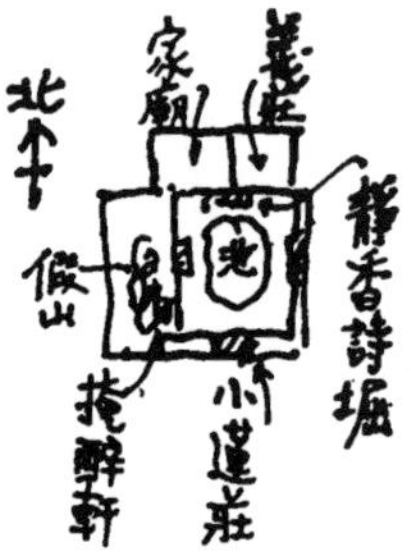

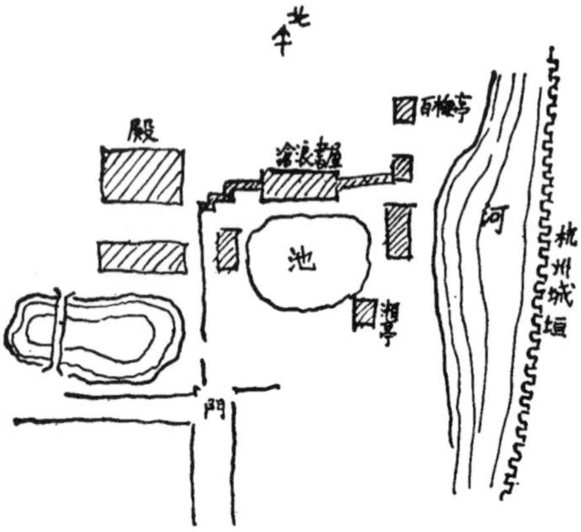

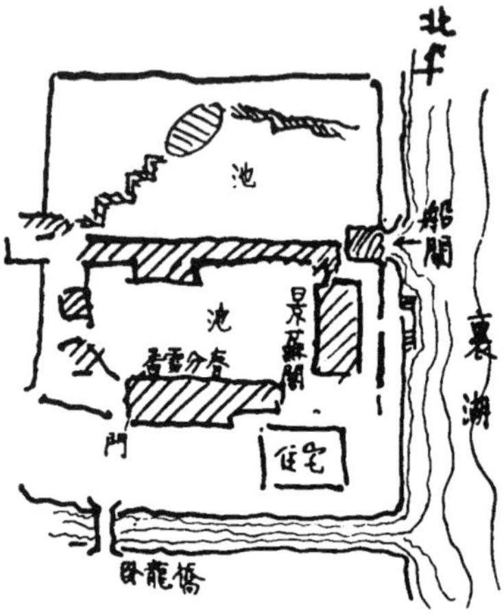

圖276 嘉興 曝書亭

圖277 常熟 虛霩居

圖278 太倉 南園

圖279 南京 楝亭（舊織造府園）

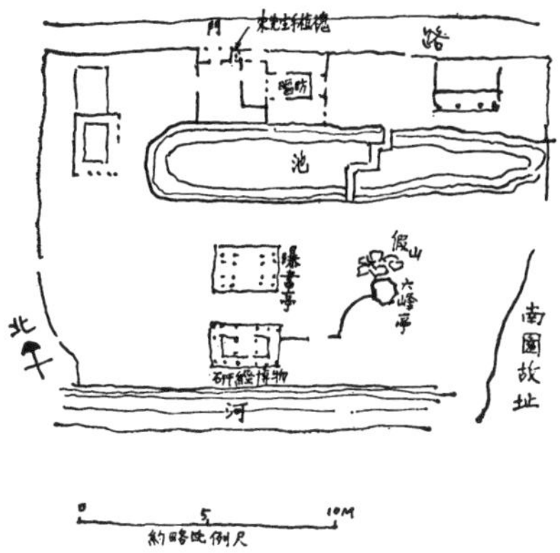

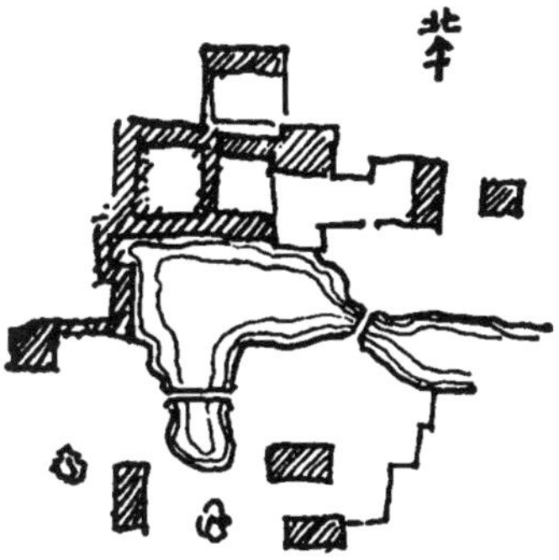

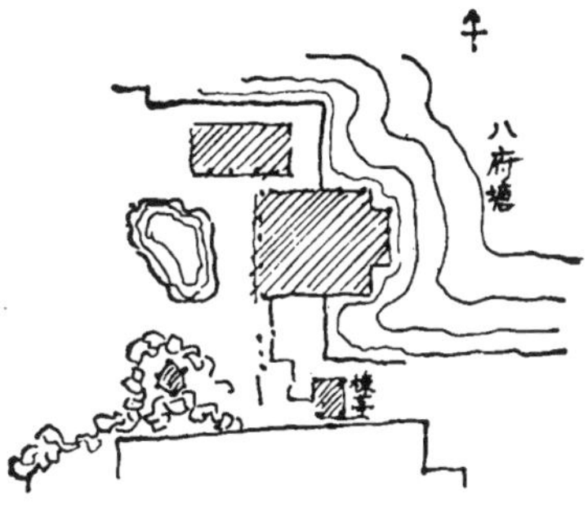

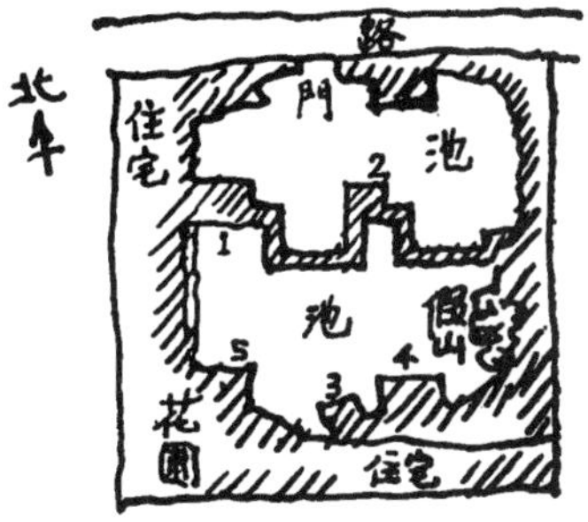

1 清風明月
2 不倚亭
3 君子長生
4 虛霩郙居
5 邀月軒

圖280 南京 愚園

圖281 蘇州 藝圃

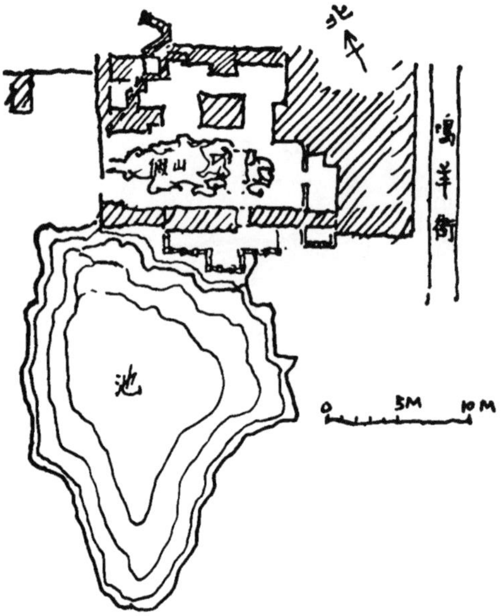

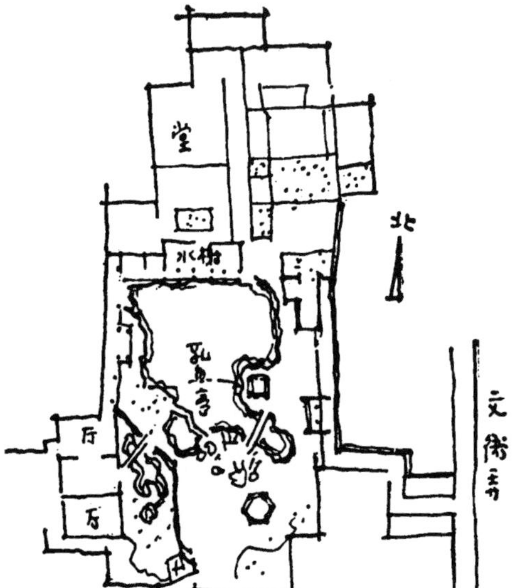

平面圖

抗戰前所製各平面圖，尺寸角度，均係約略，註字由右向左，假山畫法易誤混爲土山，已在一九五四年補入之滄浪亭（圖版拾）、寄暢園（圖版拾柒）及一九五七年補入之瞻園（圖版貳拾叁）等三幅及再版補入各幅中改正。

圖版拾伍　上海九果園
圖版拾陸　南翔猗園
圖版拾柒　無錫寄暢園
圖版拾捌　杭州紅櫟山莊
圖版拾玖　杭州金溪別業
圖版貳拾　南潯宜園
圖版貳拾壹　嘉興煙雨樓
圖版貳拾貳　嘉興落帆亭
圖版貳拾叁　南京瞻園
圖版貳拾肆　南京煦園
圖版貳拾伍　南京隨園
圖版貳拾陸　南京愚園
圖版貳拾柒　揚州何園
圖版貳拾捌　揚州個園

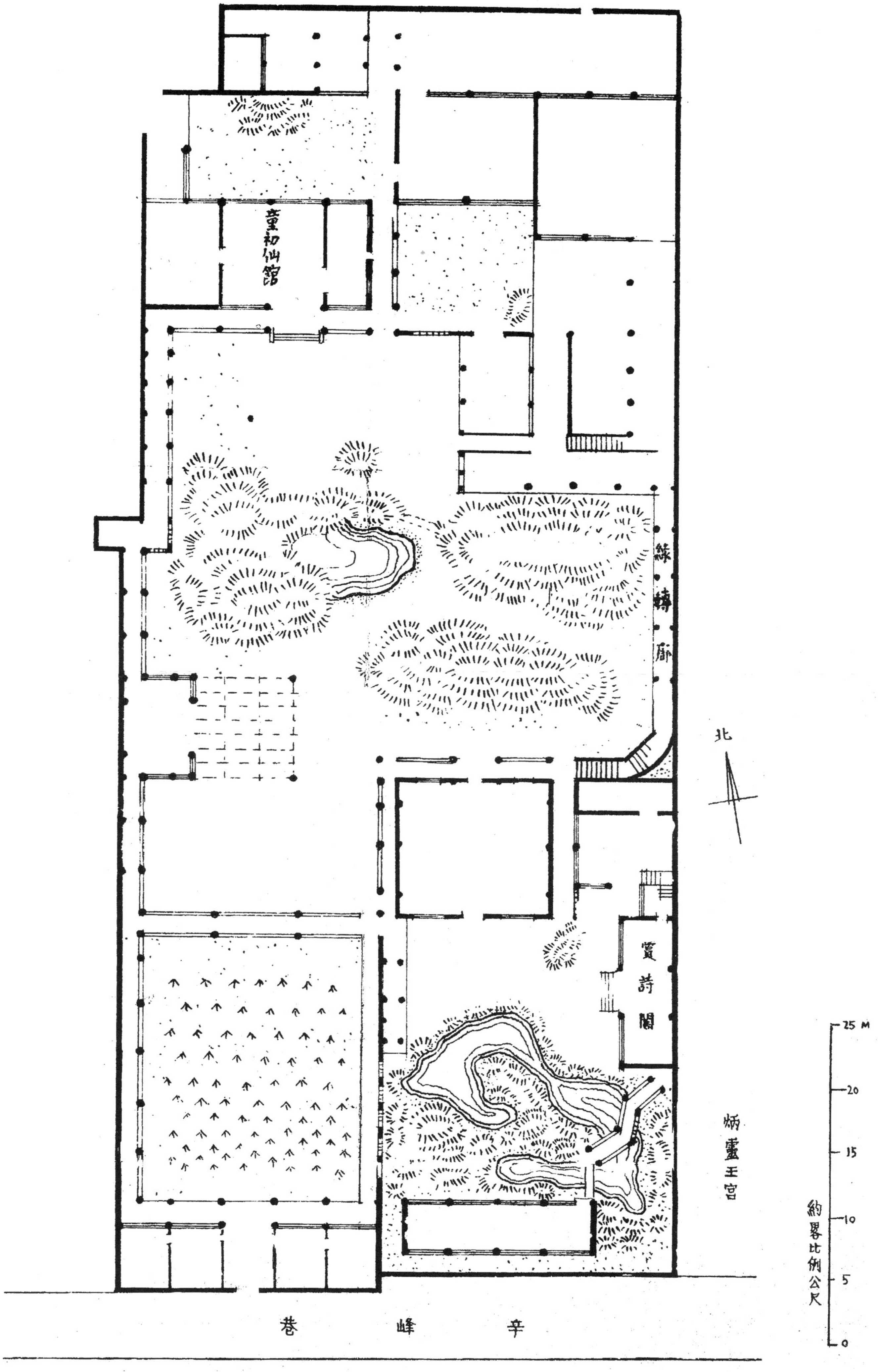
童初仙館
綠轉廊
賞詩閣
北
炳靈王宮
辛峰巷
約畧比例公尺
25 M
20
15
10
5
0

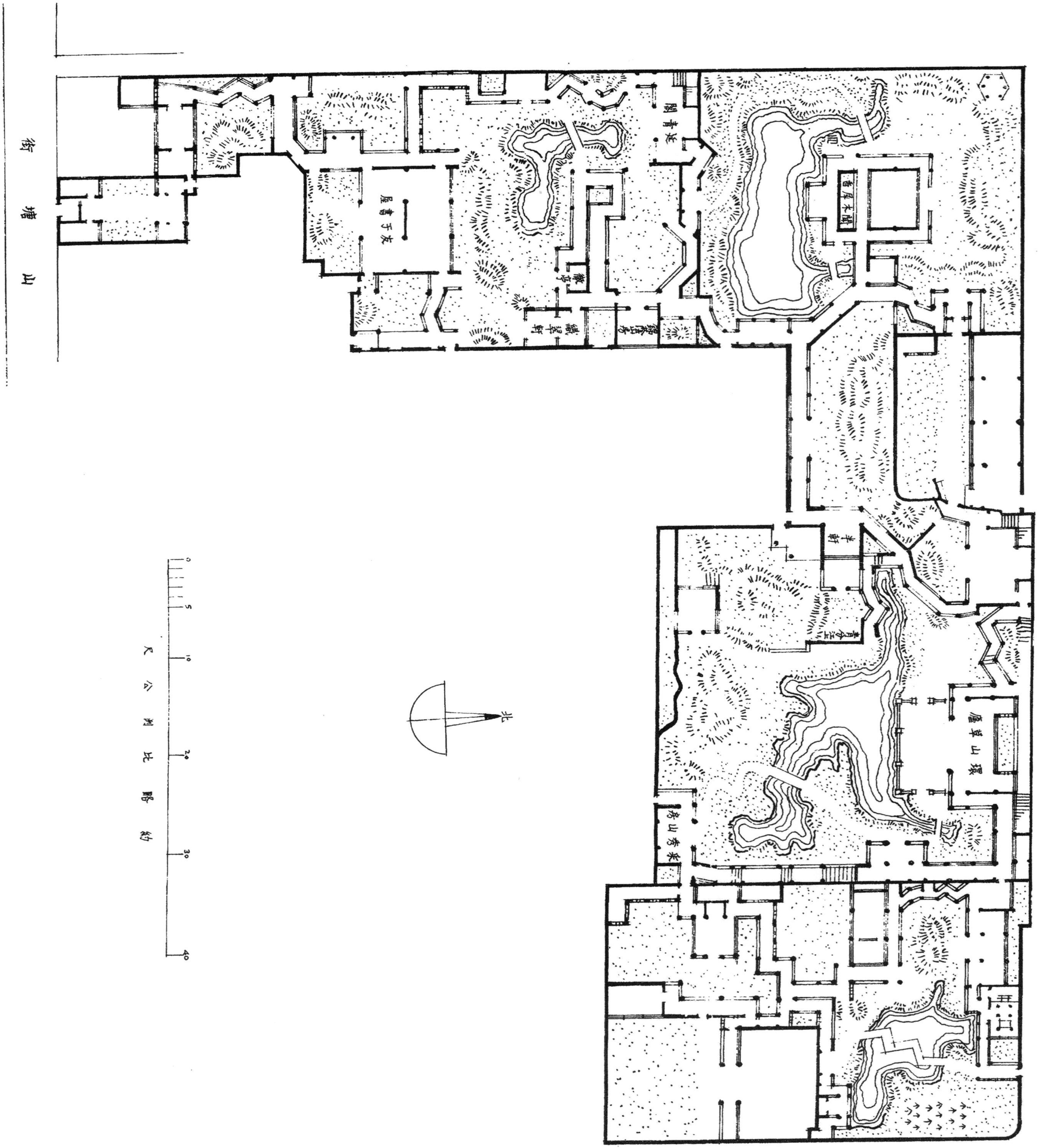
山塘街
延青閣
友于書屋
環山草廬
東秀山房
約略比例尺
0
5
10
20
30
40
北

北
0
5
10
20M
明道堂
五百名賢祠
翠玲瓏
看山樓
面水軒
滄浪亭
池
河
路

0 5 10 20 30 M

闊家頭巷

闊家頭巷

殿春簃

五峰書屋

看松讀畫軒

集虛齋

竹外一枝軒

射鴨廊

看松讀畫軒

真意

看松讀畫軒

月到風來亭

濯纓水閣

水池

小山叢桂軒

蹈和館

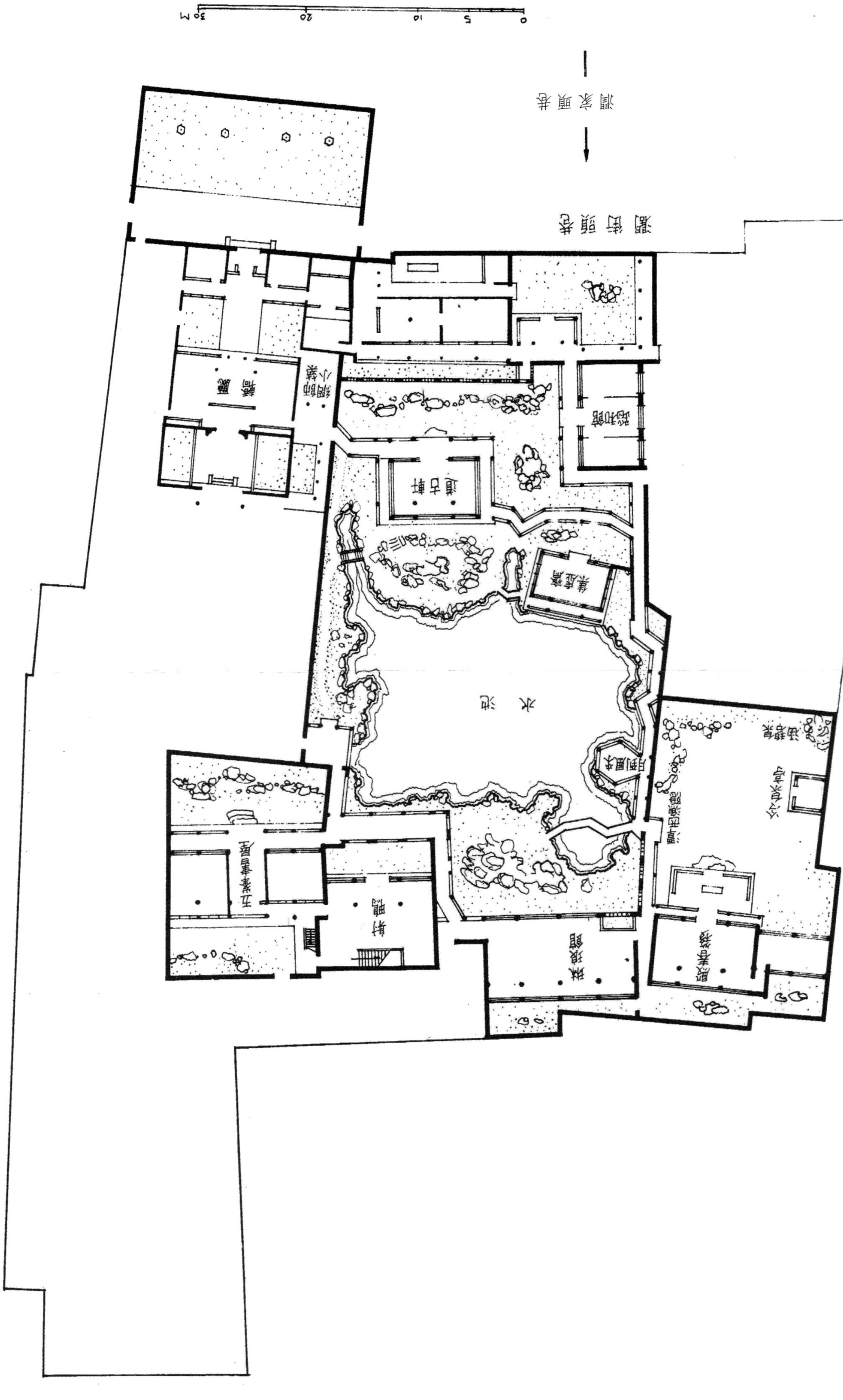

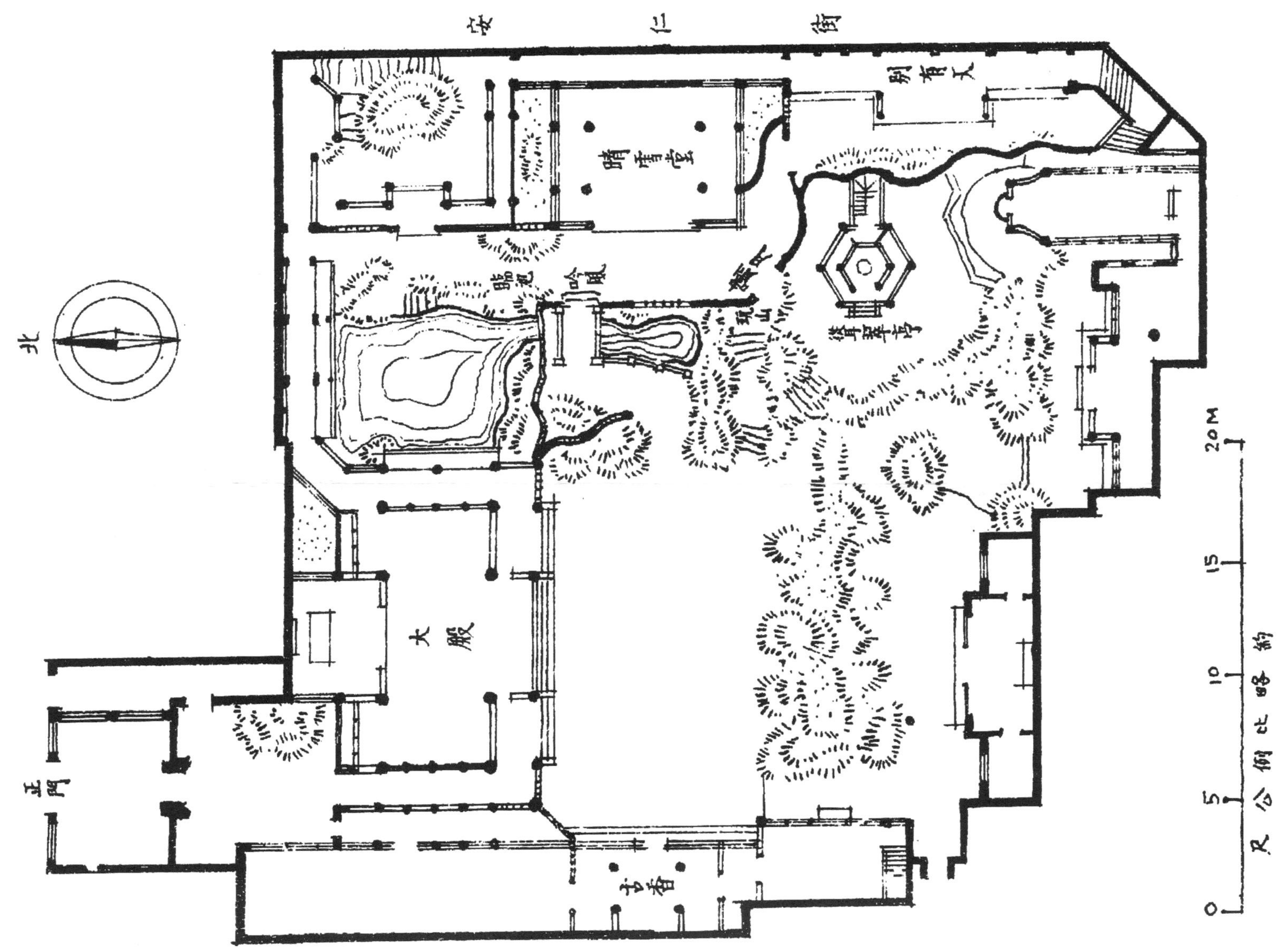

圖版拾叁　上海　內園

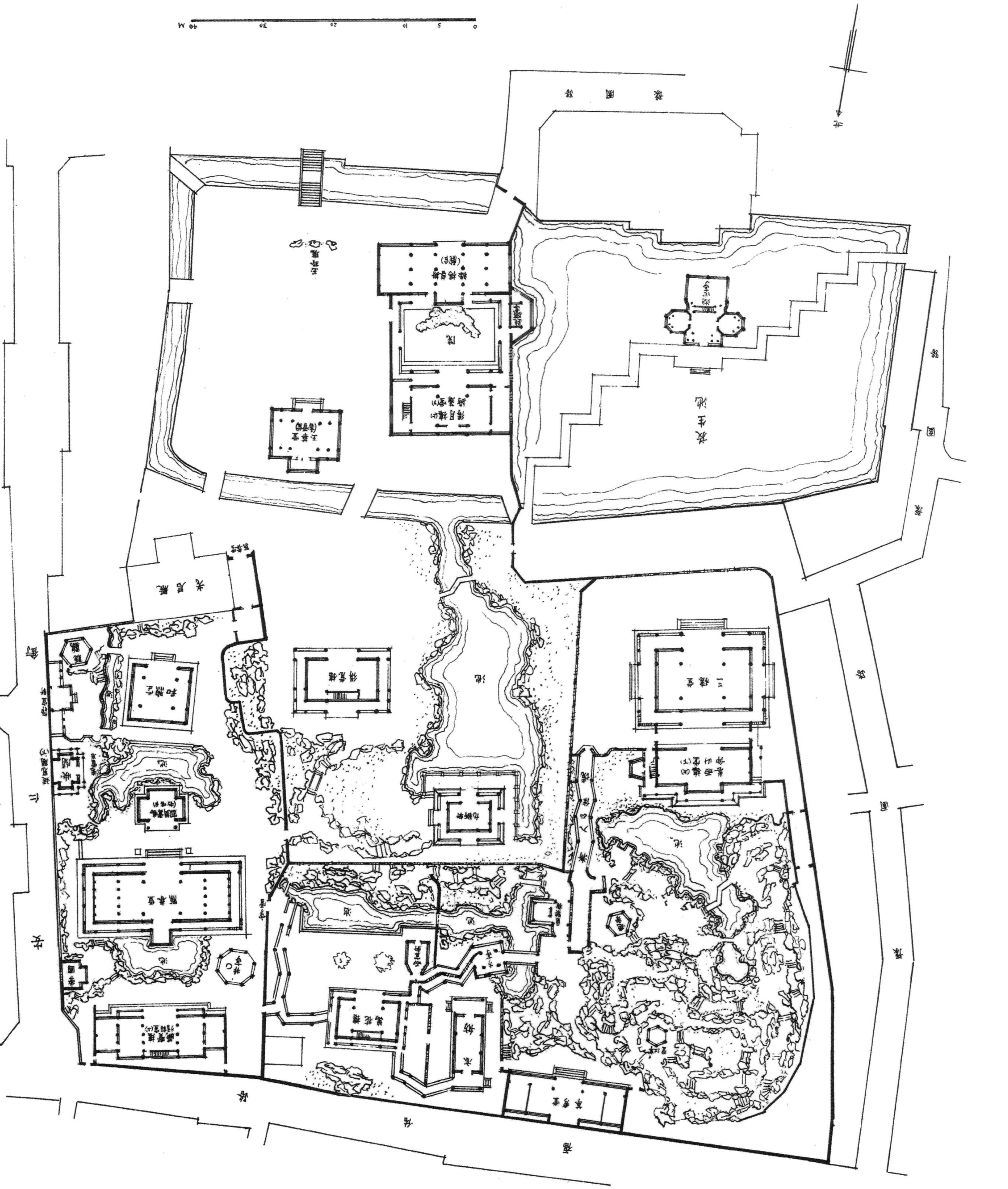

圖版拾肆

上海豫園

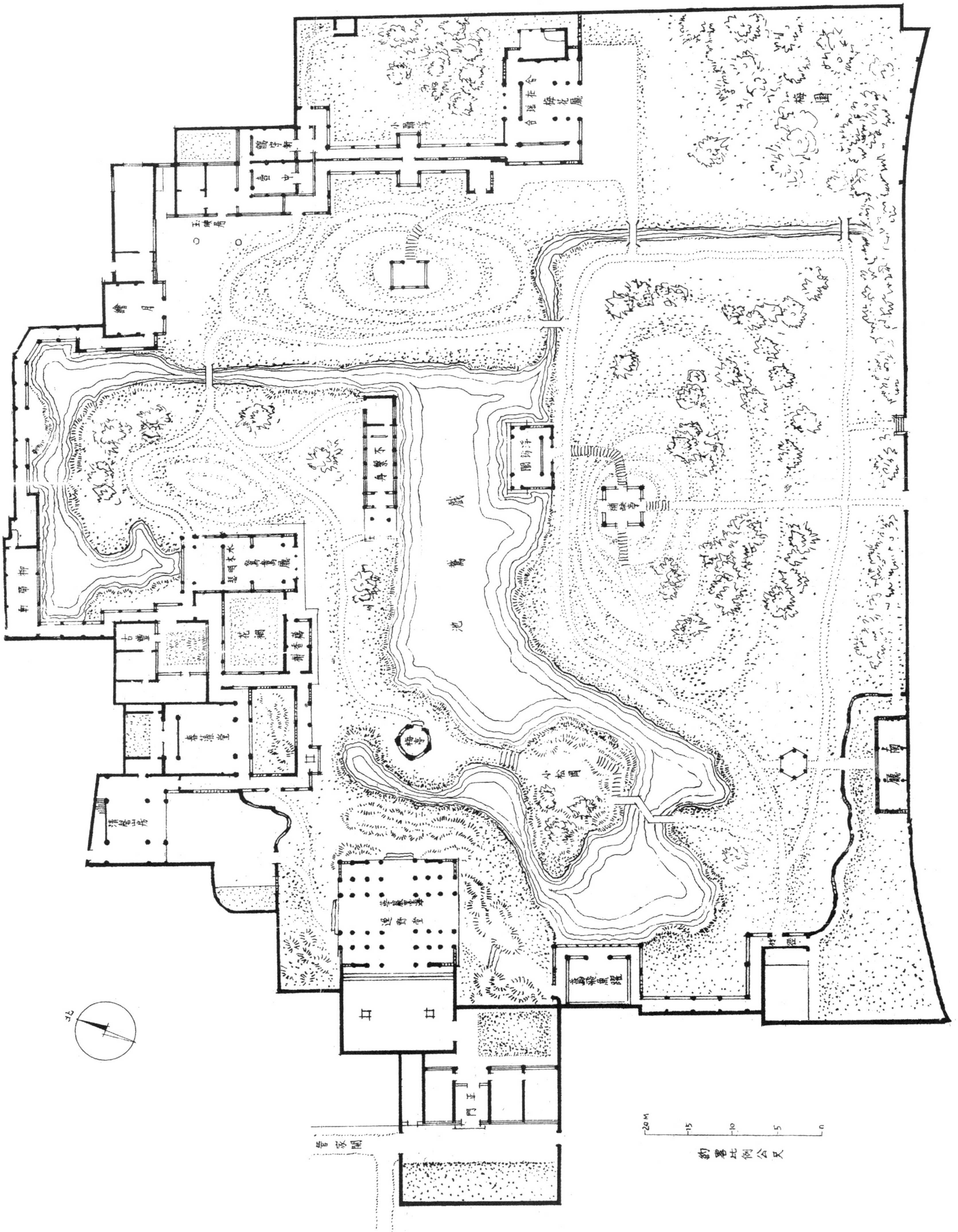

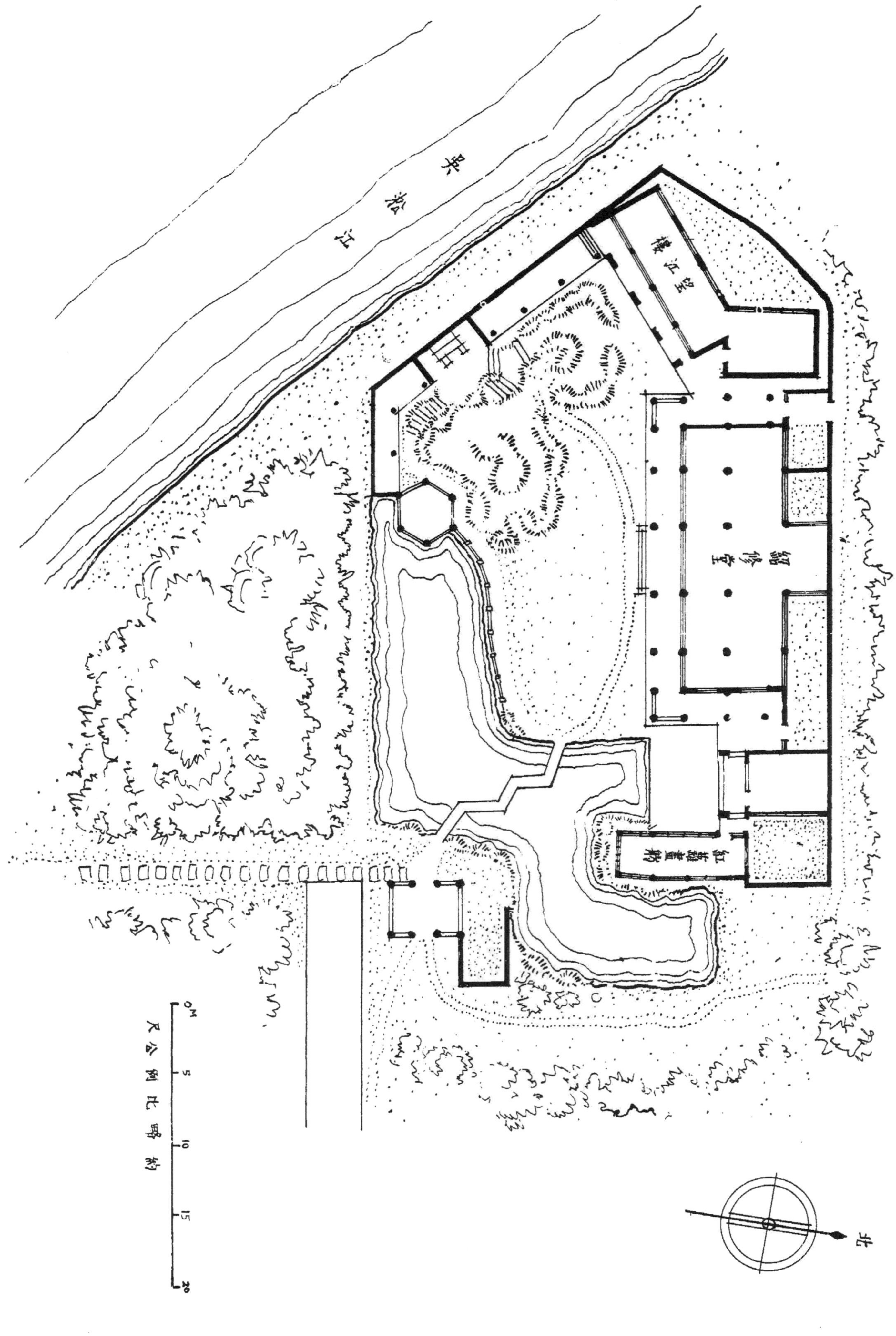
吳淞江
望江樓
紅蕉畫舫
0M 5 10 15 20
約略比例公尺
北

圖版拾柒 無錫 寄暢園

圖版拾捌 杭州 紅櫟山莊

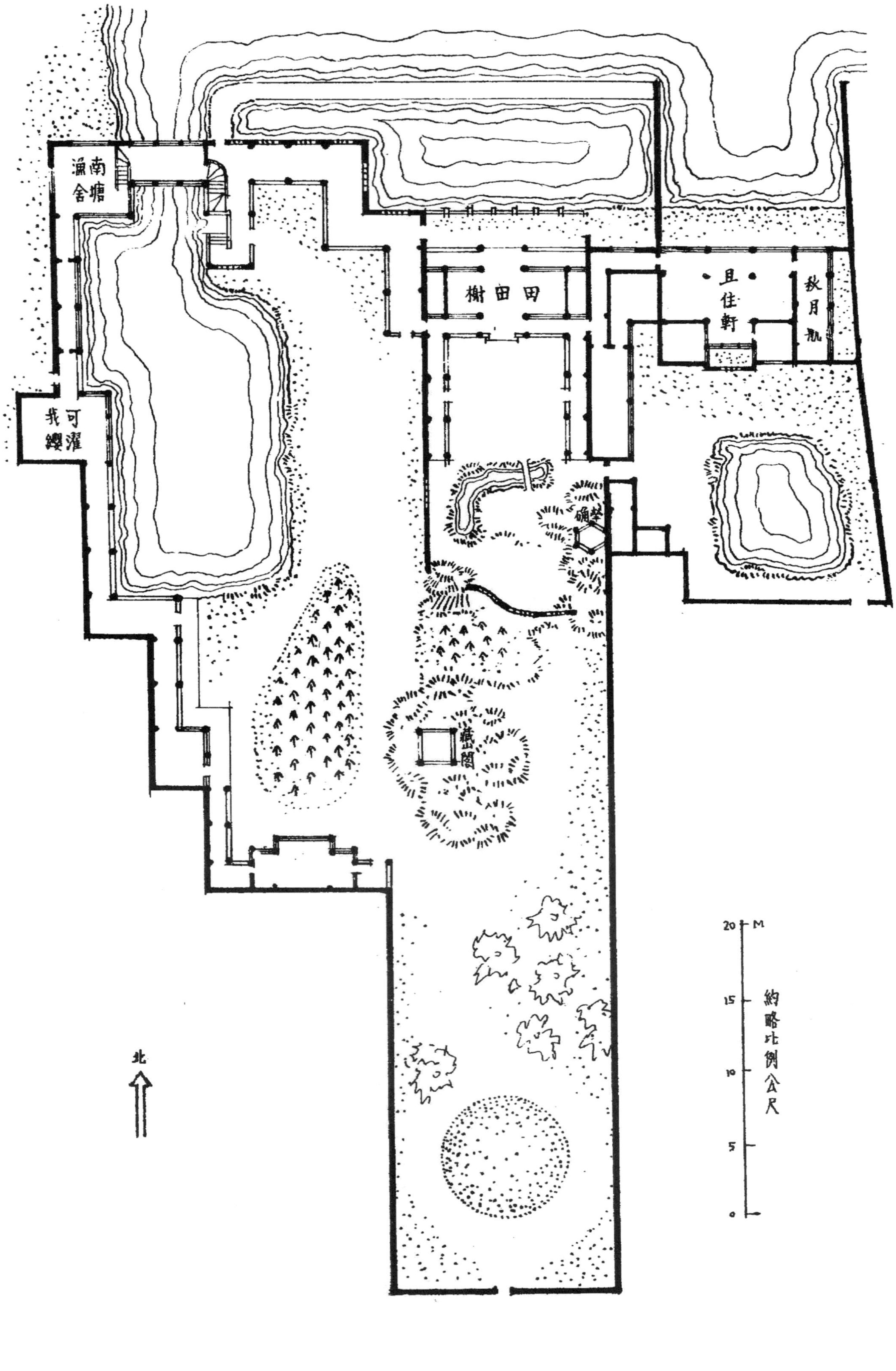

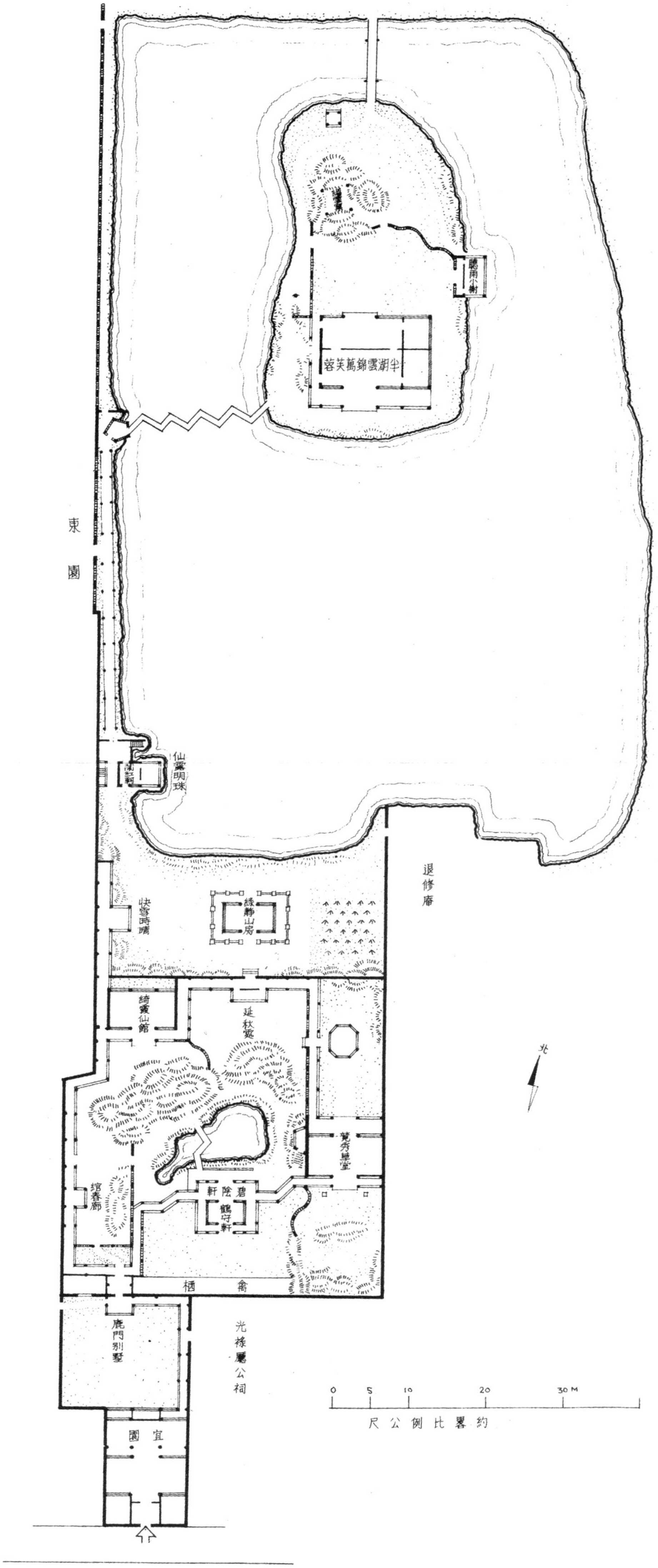
半湖雲錦萬芙蓉
聽雨小榭
東園
仙露明珠
鬧紅舸
退修庵
快雪時晴
綠靜山房
綺霞仙館
北
覽秀草堂
綰春廊
碧陰軒
鶴守軒
棲禽
鹿門別墅
光祿龐公祠
宜園
0 5 10 20 30 M
約畧比例公尺

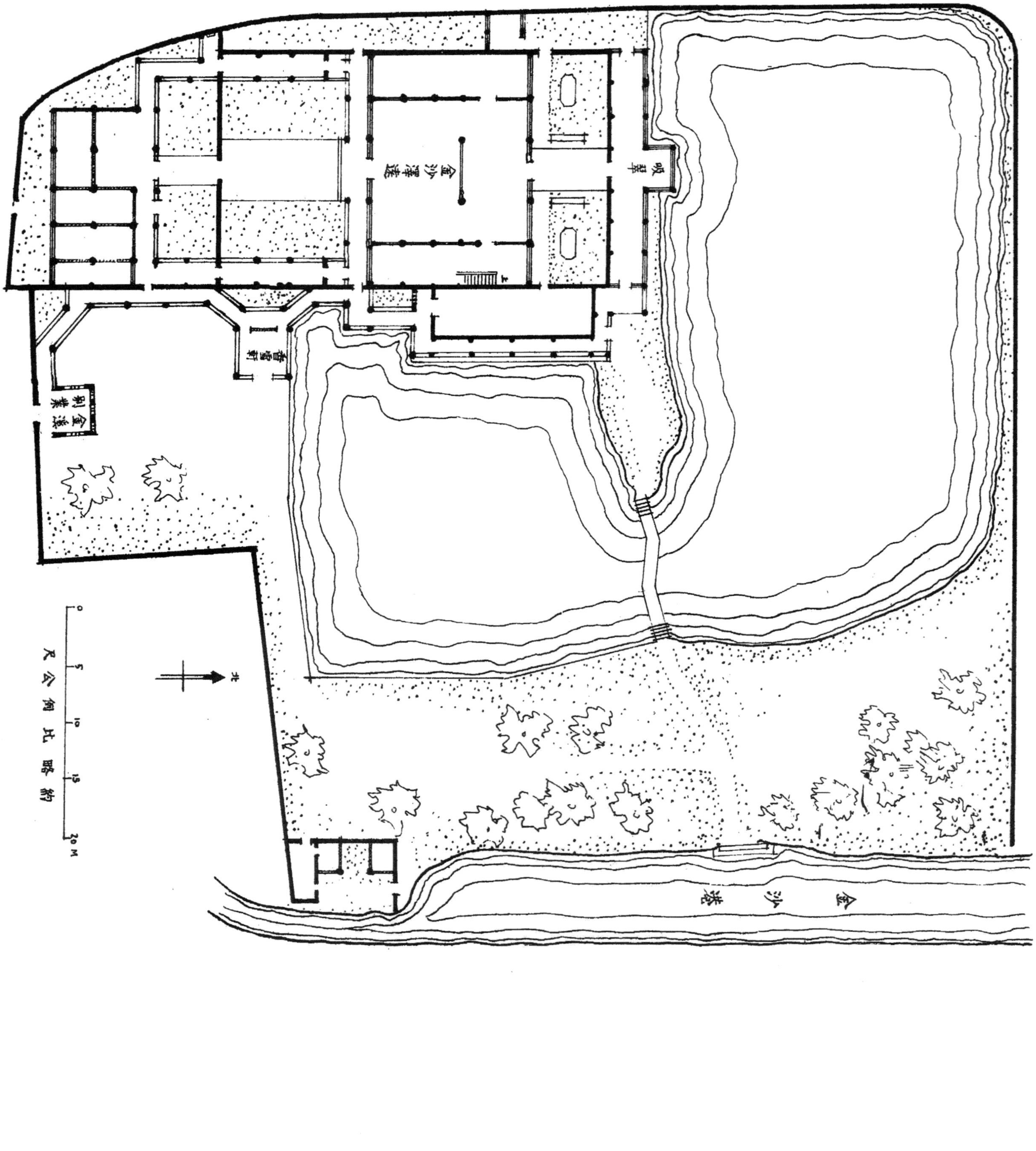
金沙澤達
吸翠
香雪軒
金溪別業
金沙港
北
約略比例公尺
0
5
10
15
20 M

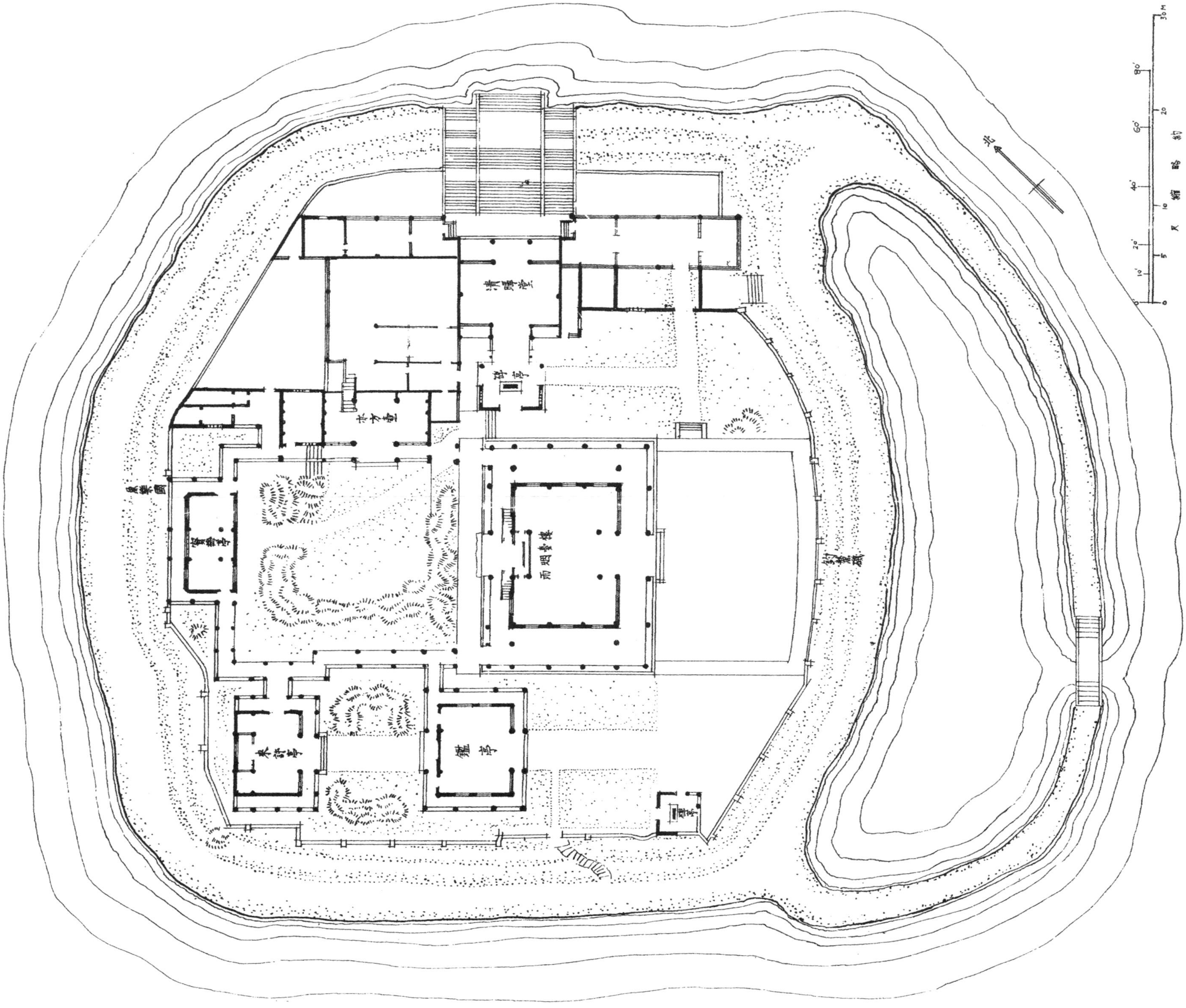

圖版貳拾壹　嘉興　煙雨樓

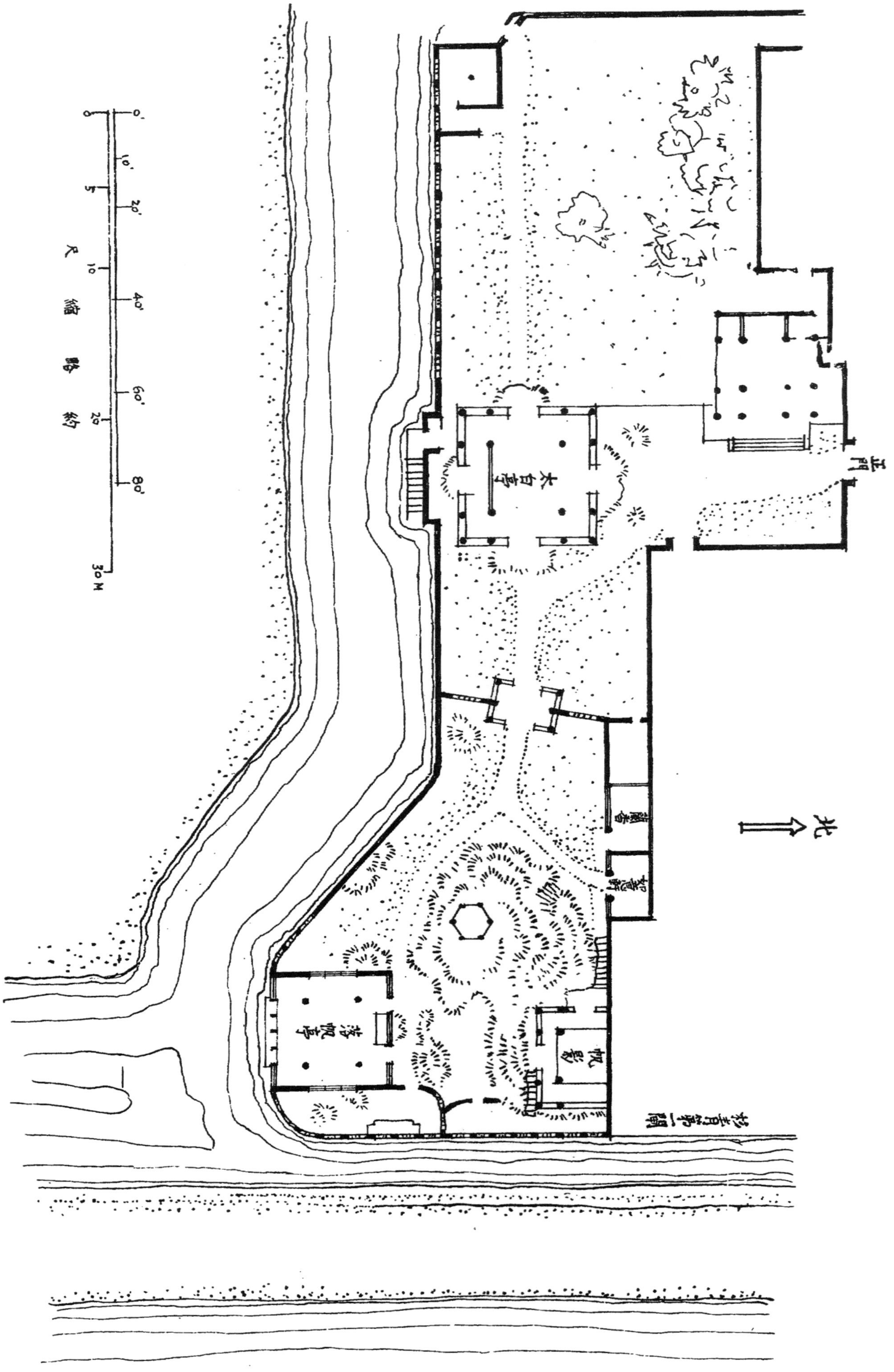

圖版貳拾貳　嘉興　落帆亭

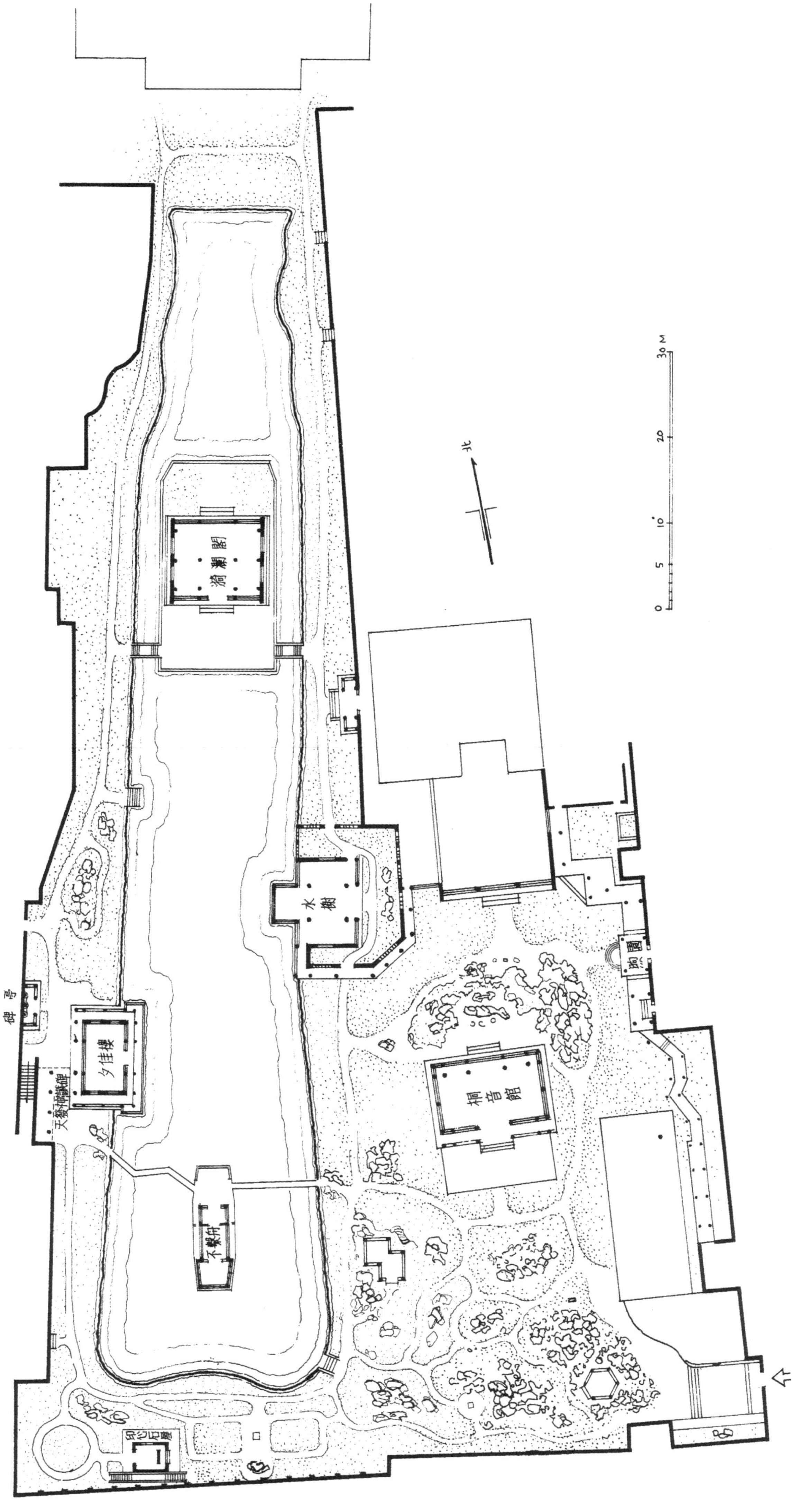
漪瀾閣
水榭
夕佳樓
桐音館
不繫舟
天發神讖碑
碑亭
印心石屋
煦園
北
0 5 10 20 30M

圖版貳拾叁 南京瞻園

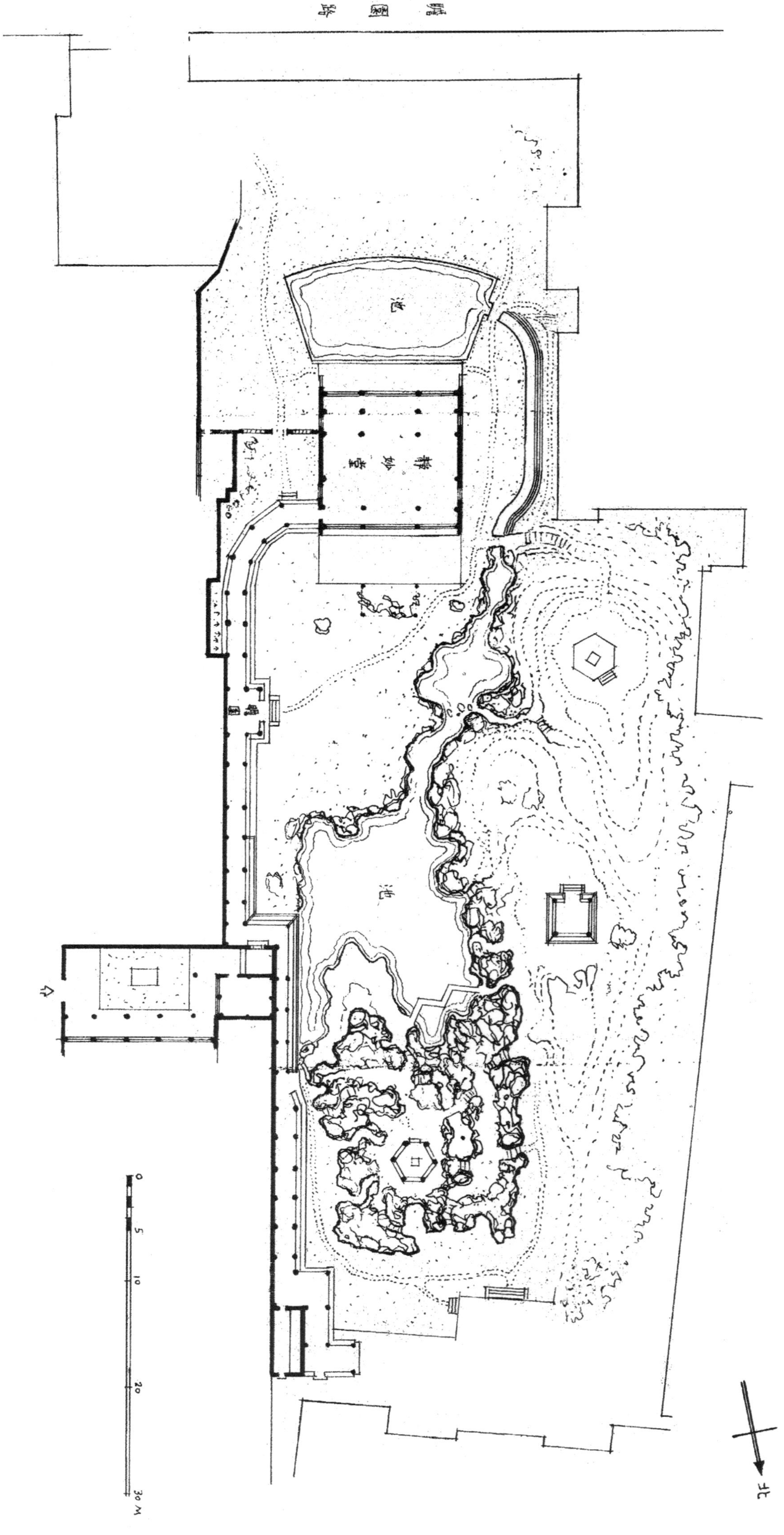

圖版貳拾伍　南京　隨園（本圖原係隨園考一文插圖）

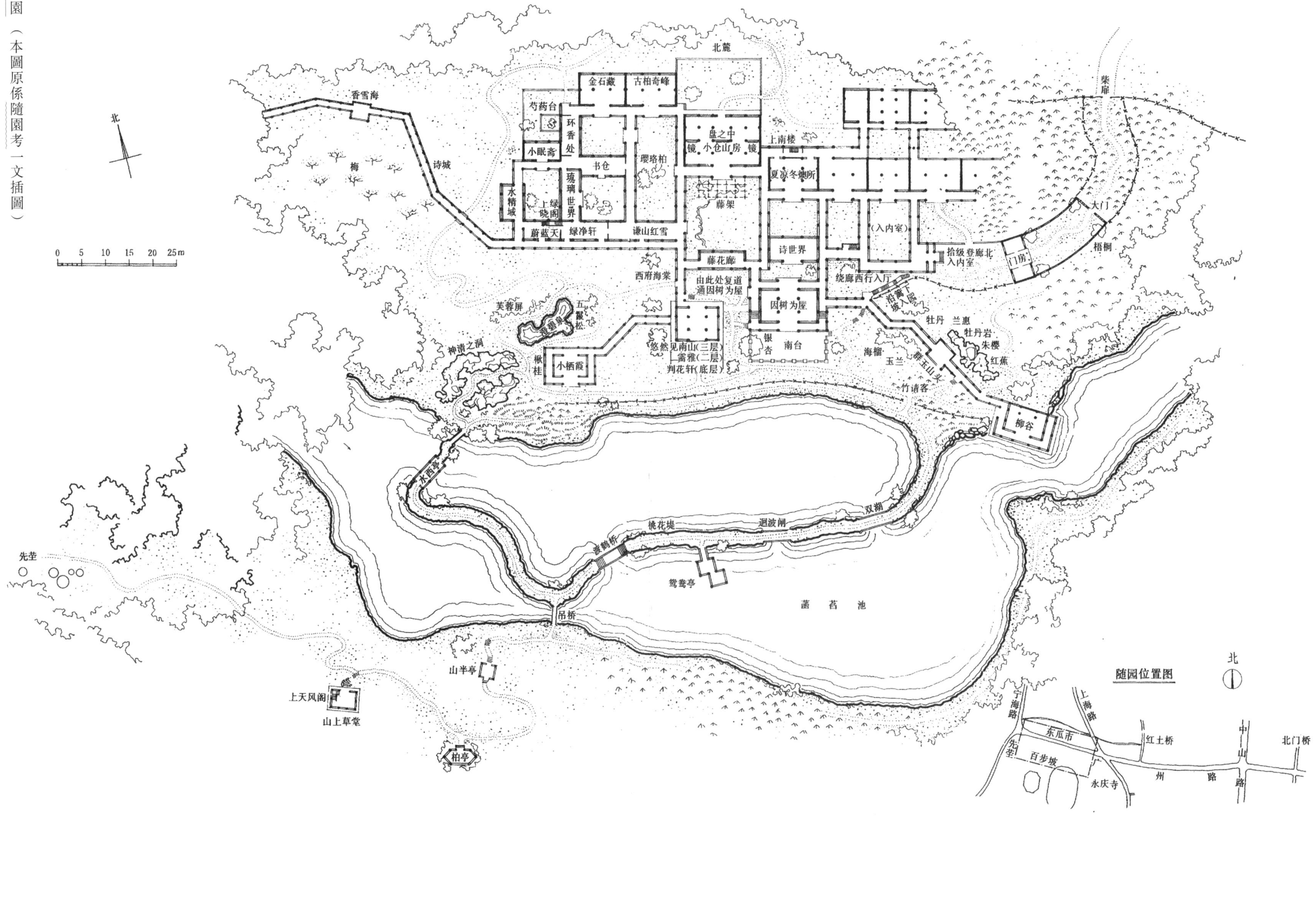

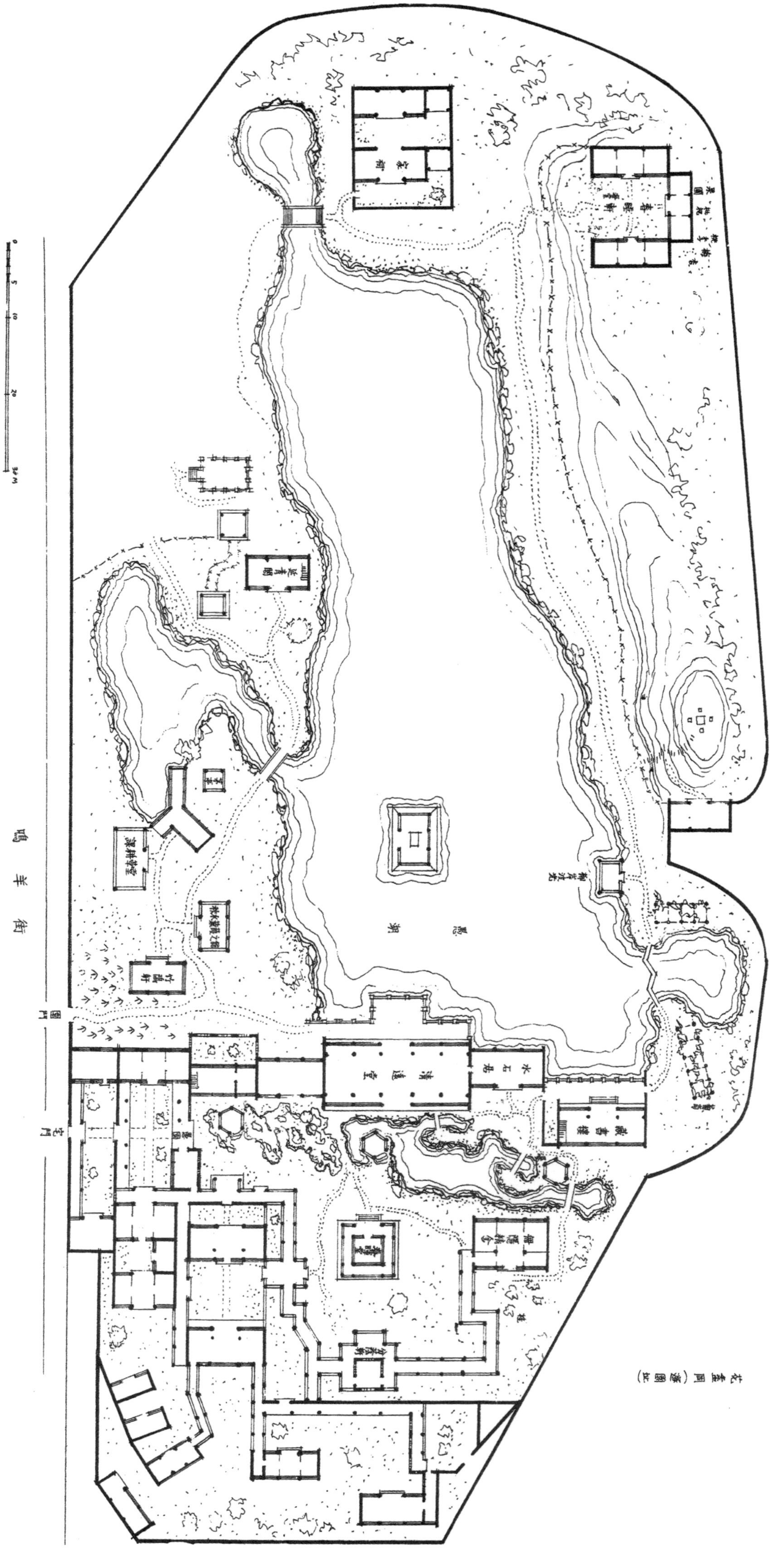

圖版貳拾陸 南京 愚園

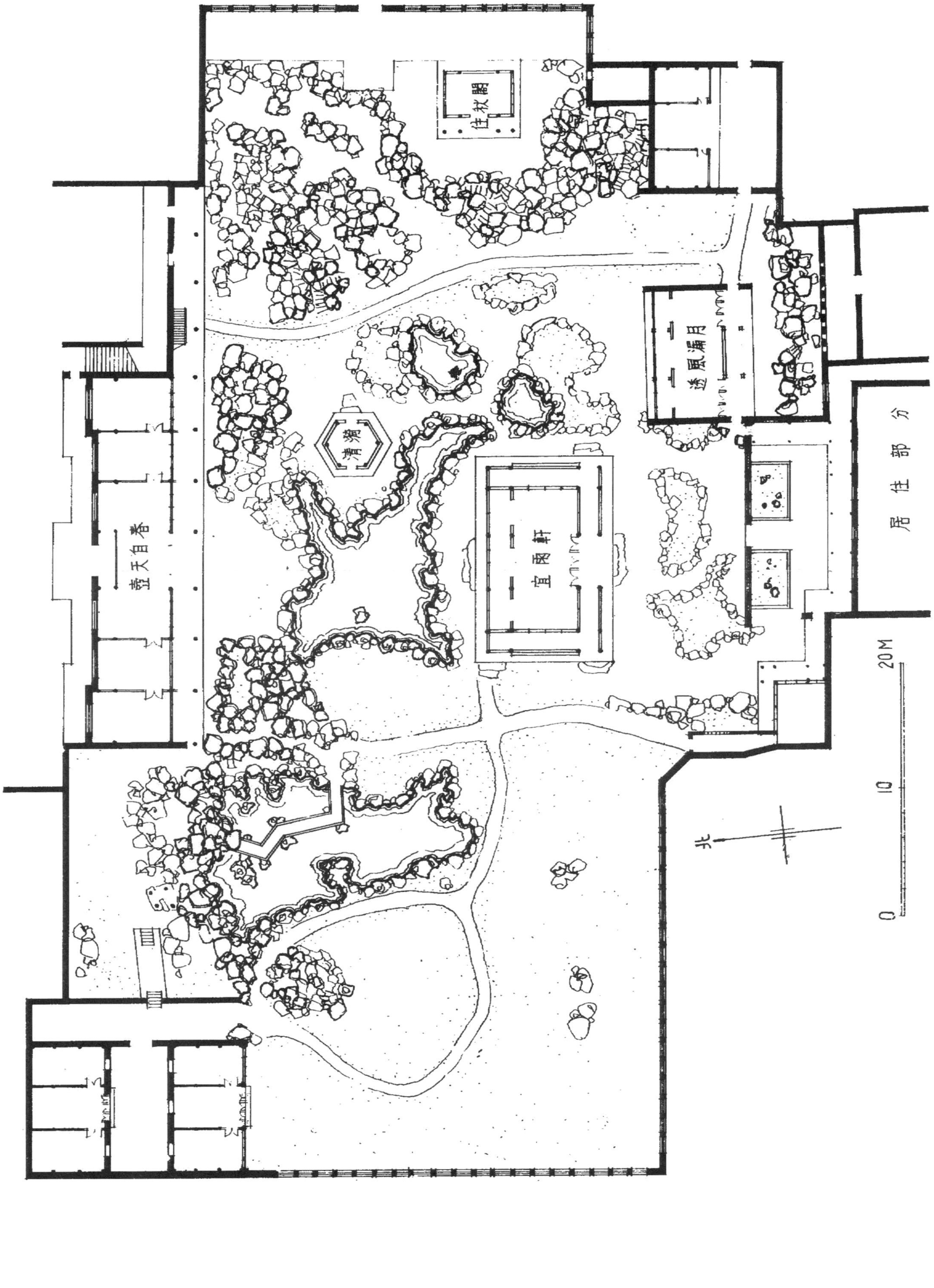
住秋閣
透風漏月
清漪
宜雨軒
壺天自春
居住部分
北
0
10
20M

圖版貳拾柒
揚州何園

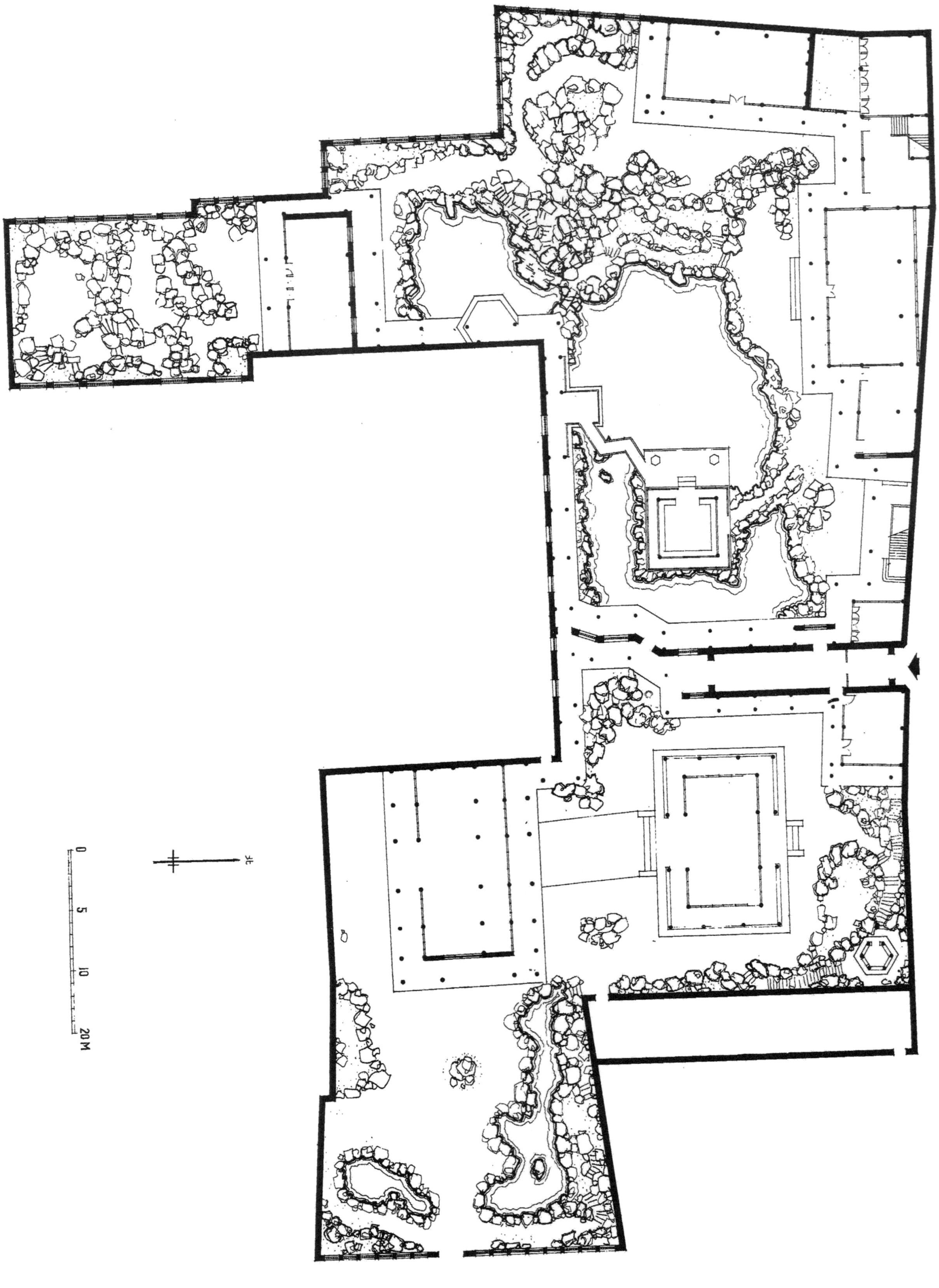

正門

燕譽堂

五峰

指柏軒

古五松園

真趣

見山樓

暗香疏影樓

比例尺

尺

M

30

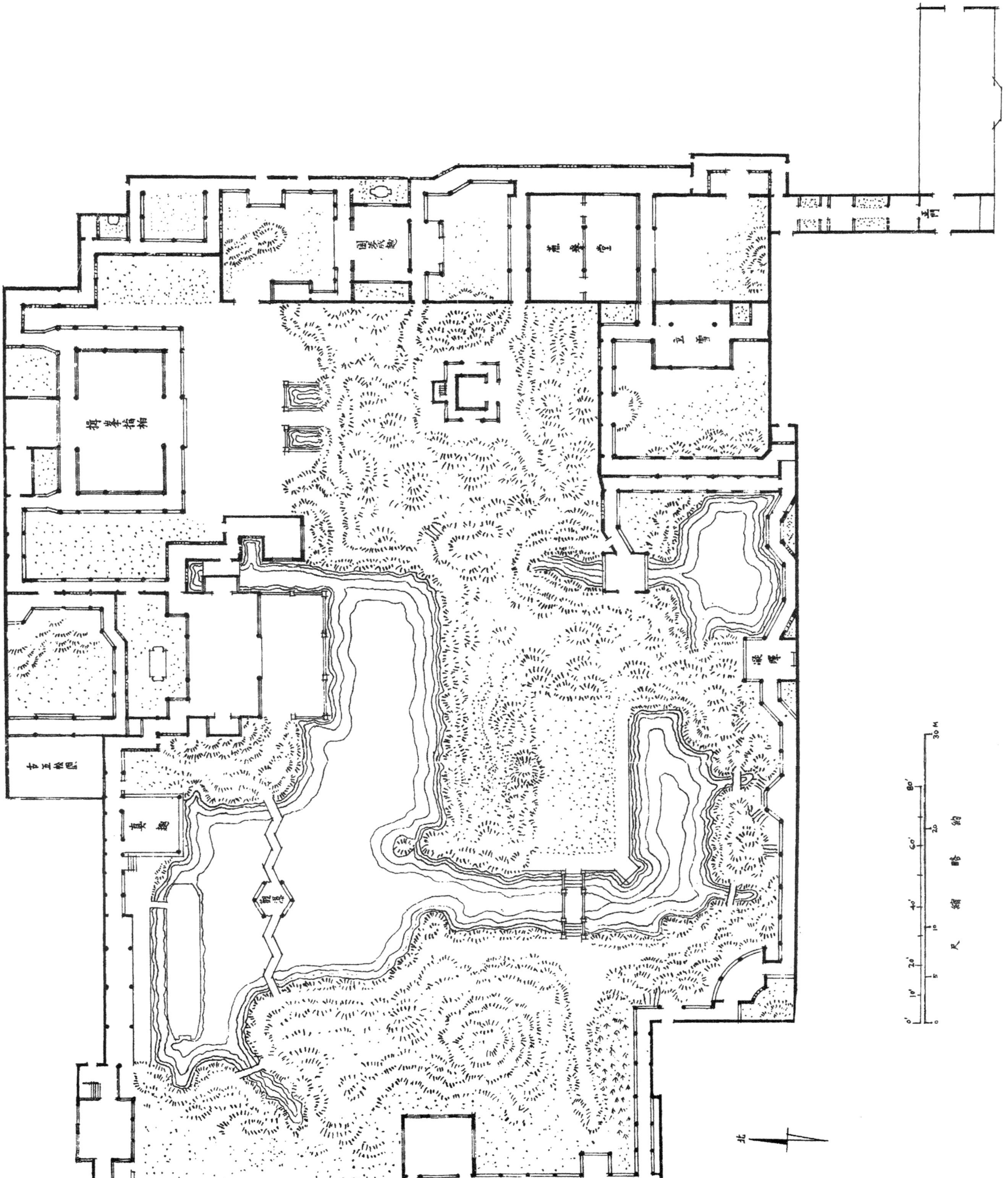

圖版叁　蘇州　獅子林

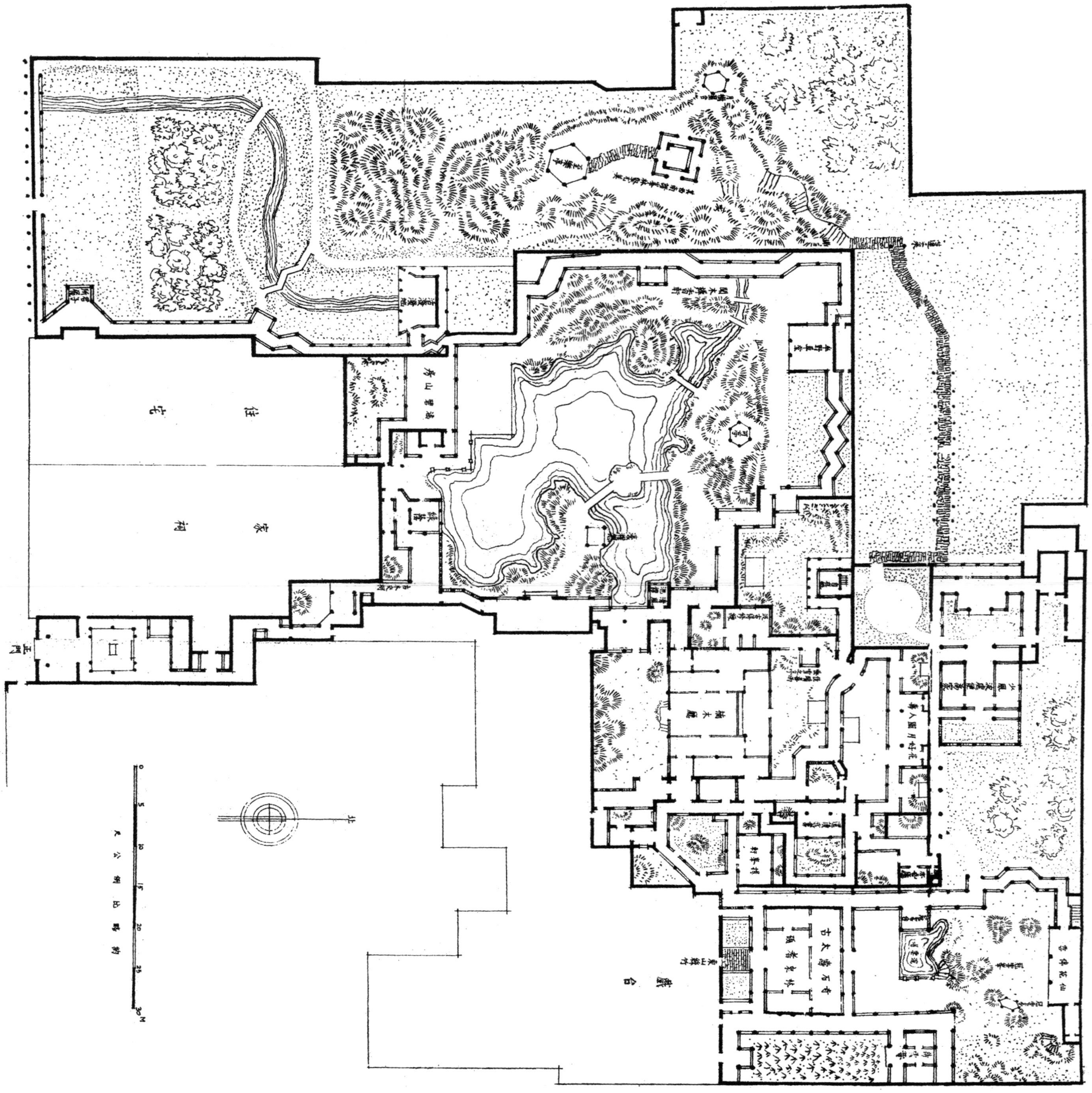

圖版肆

蘇州留園

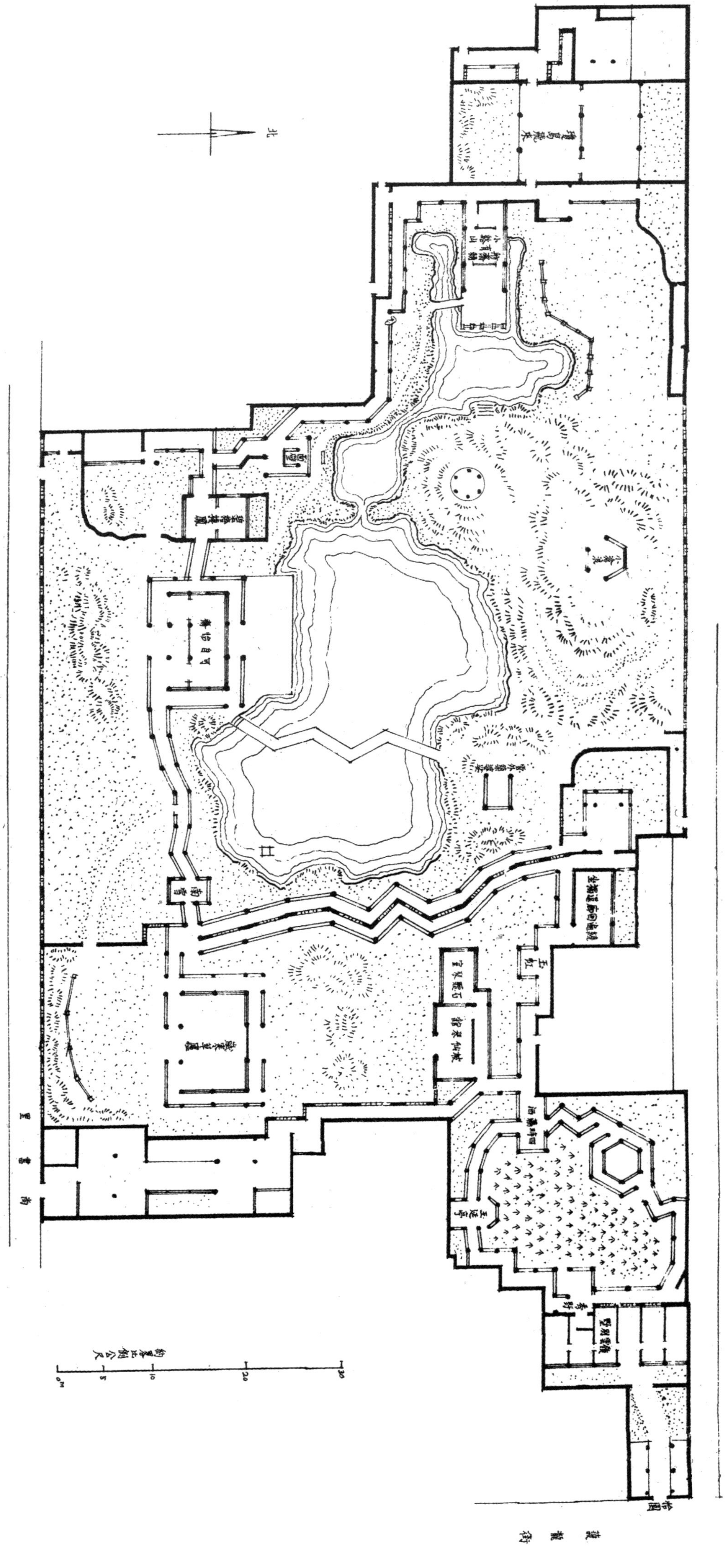

圖版陸 蘇州 怡園

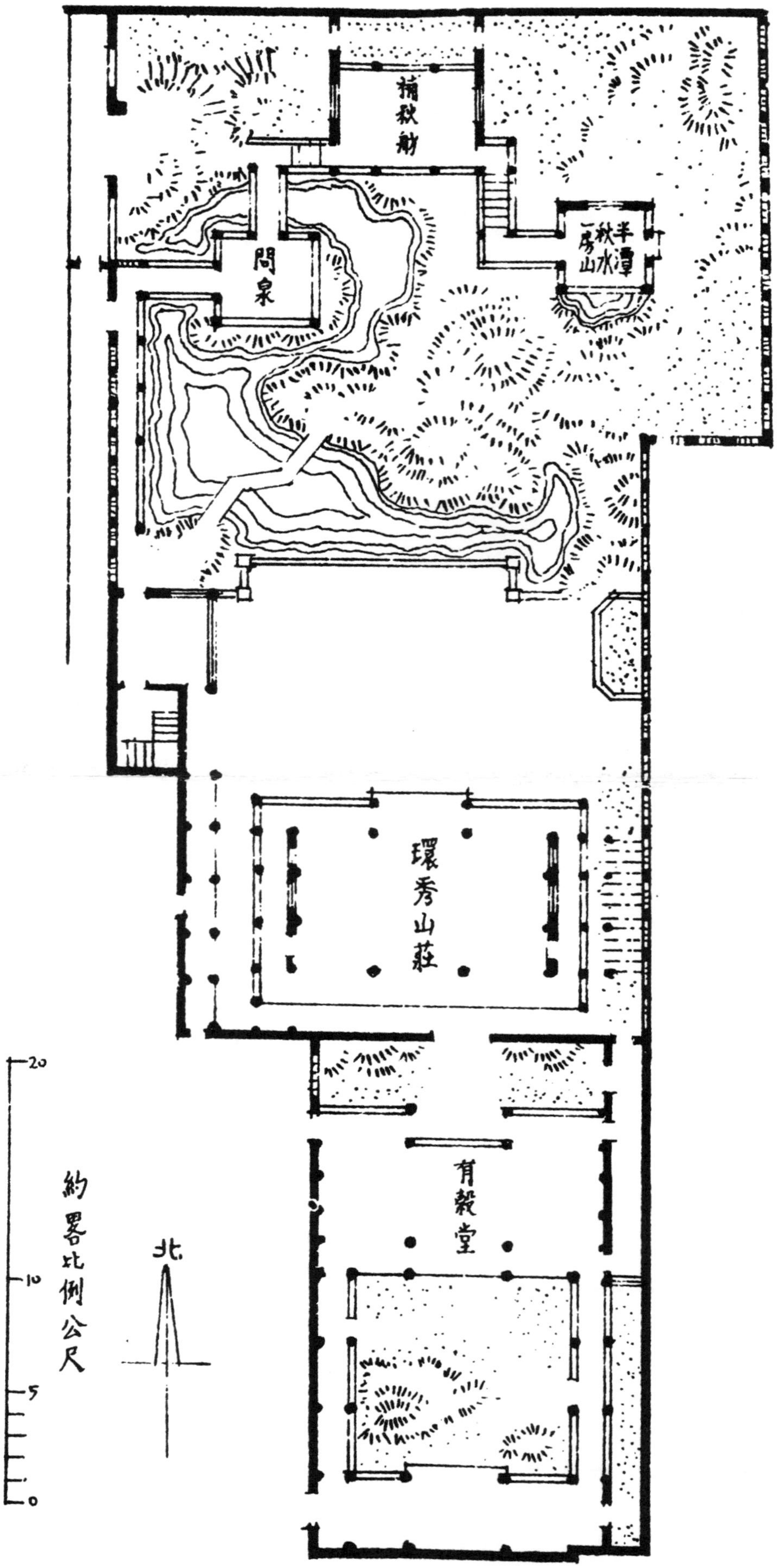

圖版伍　蘇州　環秀山莊

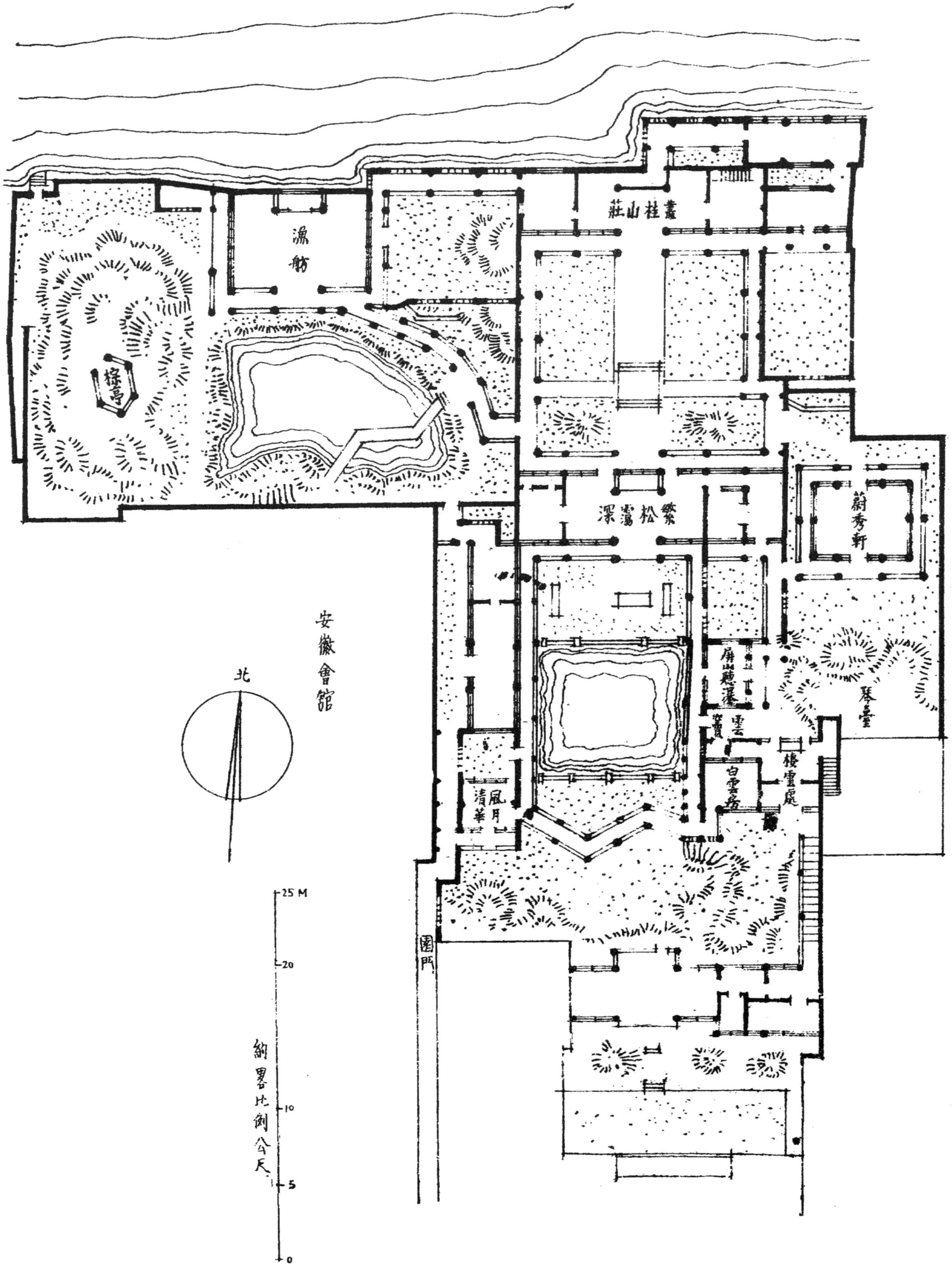
叢桂山莊
漁舫
探亭
繁松靄深
蔚秀軒
安徽會館
北
屏山聽瀑
雲竇
白雲窩
棲雲處
琴臺
風月清華
園門
25 M
20
10
5
0
約略比例公尺

圖版柒 蘇州 惠蔭園

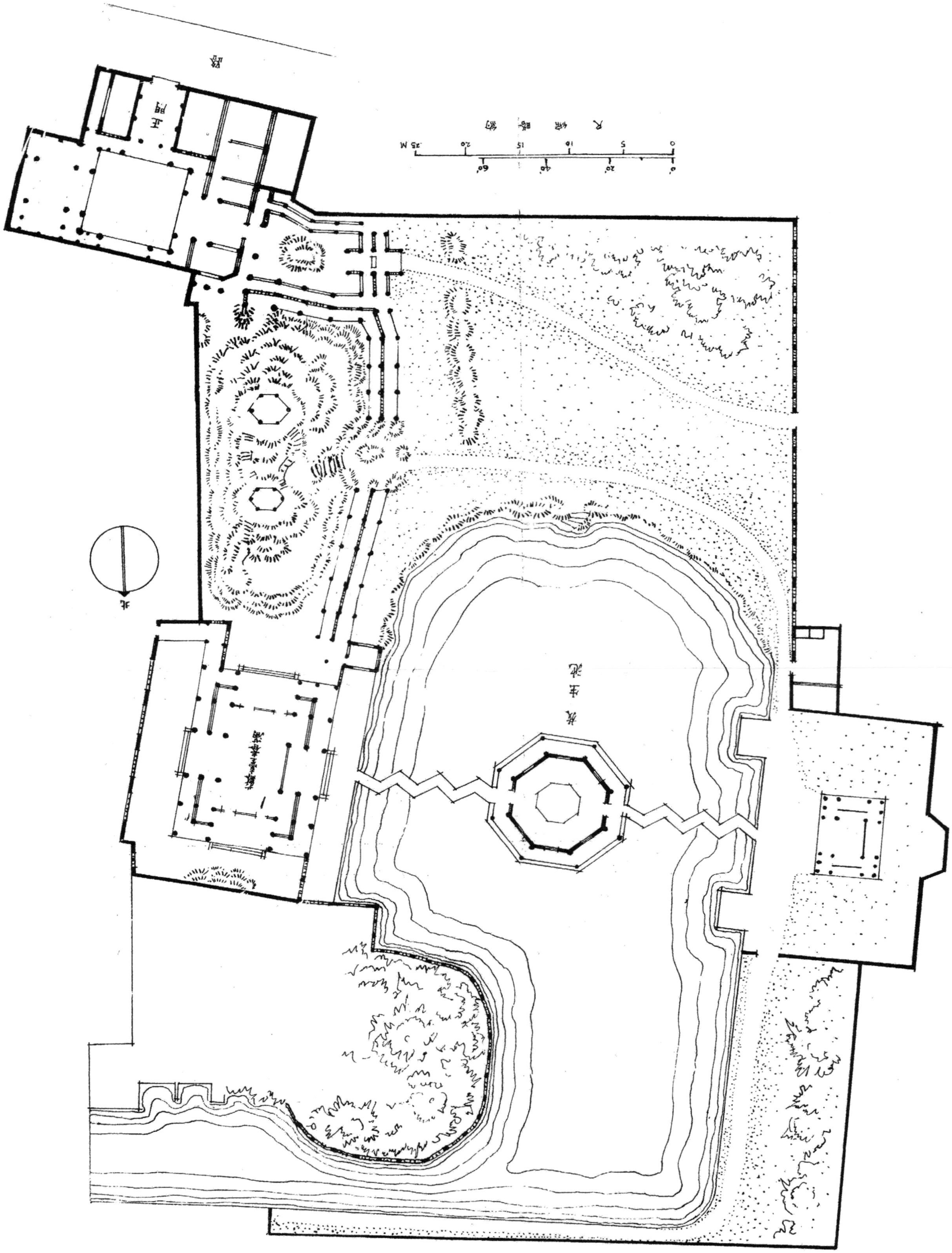

圖版捌
蘇州西園

圖書在版編目（CIP）數據

江南園林志（第二版）（典藏版）／童寯著. —北京：中國建築工業出版社，2013（2024.6重印）
ISBN 978-7-112-09731-9

Ⅰ. ①江… Ⅱ. ①童… Ⅲ. ①古典園林－簡介－華東地區 Ⅳ. ① TU986.625

中國版本圖書館 CIP 數據核字 (2007) 第 170255 號

責任編輯：張　建　王伯揚
責任校對：王雪竹　陳晶晶
整體設計：陸智昌

江南園林志
（第二版）（典藏版）
童寯 著
*
中國建築工業出版社出版、發行（北京海澱三里河路 9 號）
各地新華書店、建築書店經銷
北京富誠彩色印刷有限公司印刷
*
開本：787 × 1092 毫米　1/16　印張：18　插頁：14　字數：408 千字
2014 年 11 月第二版　2024 年 6 月第十七次印刷
定價：98.00 元
ISBN 978-7-112-09731-9
（32454）